S.

34101

MANUEL

DU

CULTIVATEUR.

CULTURE FORESTIÈRE.

OUVRAGES DU MÊME AUTEUR

chez le même Imprimeur-libraire.

1.º ARCHITECTURE RURALE théorique et pratique,
2.ᵉ édition, 1826, planches, in-8.º...... 6ᶠ 5o

2.º LETTRES POLITIQUES D'UN AMI A UN AMI, sur la
charte et les lois organiques, 1828, in-8.º. 1 5o

3.ᵉ ALMANACH DU CULTIVATEUR, contenant divers
objets d'économie rurale et domestique,
l'indication des travaux des récoltes pour
chaque mois, en grande culture, dans les
potagers, parterres, bosquets d'agrément,
vergers, fruitiers, plantations et pépinières, 1834, in-18................... » 5o

4.ᵉ PRÉCIS DE L'HISTOIRE DES PEUPLES ANCIENS, pré-
cédés de notions générales, géographiques et
chronologiques, et suivis d'observations sur
la religion, le gouvernement, la législation, les mœurs, les sciences, les arts et
les lettres, in-8.º, 1838-1839, 4 vol..... 3o »

5.º ZOOLOGIE DU CULTIVATEUR, ou Dictionnaire
abrégé des animaux utiles ou nuisibles à
l'économie rurale et domestique, in-12,
1840............................... 1 5o

INSTRUCTION PRATIQUE

SUR LA

CULTURE FORESTIÈRE

DANS

LES TERRES FORTES OU ARGILEUSES

DU MIDI :

PAR A. J. M. DE S.ᵗ-FELIX,

MEMBRE DE PLUSIEURS SOCIÉTÉS SAVANTES.

A TOULOUSE,

Chez JEAN-MATTHIEU DOULADOURE, Imprimeur-
Libraire, rue Saint-Rome, 41.

—

1840.

INSTRUCTION PRATIQUE

SUR LA

CULTURE FORESTIÈRE.

INTRODUCTION.

Un domaine rural d'une certaine étendue doit renfermer des bois ; un manoir champêtre doit être entouré d'ombrages et de bosquets qui les lui procurent ; des champs bien cultivés, une exploitation raisonnée ne peuvent se passer de lisières, de berges, de rivages plantés ; un potager doit avoir des arbres fruitiers , un verger doit en être le complément. Il faut ainsi dans une propriété beaucoup d'arbres; ils la décorent, fournissent à ses exigences et aux besoins du propriétaire. Celui-ci ne peut jamais se passer de bois ; il doit donc se livrer aux soins des plantations : ces soins font nécessairement partie de ses travaux; c'est un devoir dont l'exécution est remplie de jouissances , dont le produit entre dans ses revenus. Il faut qu'il s'y livre, il faut qu'il rejette loin de lui l'ignoble négligence qui en redoute le travail; la stérile apathie qui fait lâchement souscrire à cette privation ; apathie exclusive dont nous avons tant d'exemples, et qui cherche à se justifier par une prétendue difficulté qui n'existe pas, ou qui peut facilement être vaincue.

Nos terres fortes ou argileuses, combinées avec de la silice ou du calcaire en trop petites quantités, sont sans contredit peu favorables en général à la végétation des plantes ligneuses ; mais lorsque celles-ci sont pourvues de racines énergiques, et plus ou moins pivotantes, elles finissent par y réussir très-bien. Ces plantes y sont vigoureuses ; elles y durent longtemps, à moins de circonstances particulières ; elles résistent, comme toutes les autres que nous cultivons, à l'effet des pluies prolongées, aux ardeurs de nos sécheresses, aux secousses désastreuses de nos vents violents et trop durables : mais leur croissance est lente, leur élévation moins grande, leurs productions germinales moins abondantes, moins permanentes et plus sensibles aux intempéries de l'atmosphère. Nous n'habitons donc pas un sol favorable aux plantations, mais ce sol ne les repousse point ; et, depuis trente-cinq ans que je plante, lorsqu'il a passé par mes mains quarante mille pieds d'arbres, en ayant exploité déjà beaucoup, je me suis convaincu que tous, ou au moins un grand nombre d'espèces, pourraient réussir, et ne demandent, pour être profitables, que du soin, du temps et de la patience.

Je m'occuperai successivement dans cette instruction pratique (car je n'ai ni les connaissances nécessaires, ni la présomption de me jeter dans les discussions théoriques qui ne sont pas à ma portée, et que nous autres, simples cultivateurs, n'avons guère le temps d'étudier à fond), 1.º des espèces que je crois possible de cultiver en grand, en repoussant ce ce qui est pour nous de pure curiosité, et demande ou l'orangerie ou des soins minutieux, lesquels n'entrent pas et ne peuvent entrer dans nos travaux ordinaires; 2.º de leur reproduction et de leur culture; 3.º de la conservation des bois naturels ou plantés, des soins qui leur sont nécessaires, de leur repeuplement, de leur aménagement, et enfin de leur exploitation, et du parti que l'on en peut tirer comme bois d'œuvre, d'après leur qualité et les dimensions que leur destination exige. Je ne puis que le répéter, on ne doit pas s'attendre, dans ce petit nombre de pages, à trouver rien de scientifique. Simple cultivateur, c'est en cultivateur que j'écris; et d'après la demande de quelques-uns de mes confrères qui ont vu le résultat de mes travaux, qui ont assisté à mes essais, qui se sont réjouis de leur réussite, et qui veulent aussi en tenter de semblables. Je n'ai que de la pratique, qu'une expé-

rience que j'ai cherché à me faire éclairée et rationnelle, ce qui est le seul moyen de la rendre
vraiment profitable : et dont je me fais un plaisir, peut-être même un devoir, de communiquer
la marche et les résultats à ceux qui, dans des
circonstances analogues, s'occuperont d'une semblable culture. Je dirai toujours scrupuleusement la vérité ; je ne sais pas parler autrement,
et ce serait ici une véritable trahison. On pourra
juger de mes succès ou de mes erreurs ; ou du
moins examiner si les moyens que j'indique, et
les résultats exacts que j'exprime, et que, dans
plusieurs cas, on peut vérifier soi-même sur les
lieux, peuvent aider les autres.

La culture forestière, comme toutes les
autres cultures, se compose du choix, de la reproduction et de l'exploitation des végétaux.
Mais ici, comme l'on a à s'occuper des végétaux
ligneux, lesquels sont plus variés dans leur espèce, quoique de la même nature ; dont la vie
est plus longue ; dont l'usage est plus spécial et
plus important ; il est nécessaire d'entrer dans
quelques détails. Je m'occuperai donc successivement des arbres en eux-mêmes, de leur reproduction, de leur éducation : ensuite de la
formation des pépinières, de la plantation à demeure, et des soins dont elle doit être l'objet.
Je parlerai ensuite de l'entretien des bois naturels, de leur conservation et de leur repeuple-

ment. Enfin, je donnerai quelques notions sur le mode d'exploitation des bois et des arbres pris individuellement, et sur le parti auquel ils sont propres, et que l'industrie peut en retirer. Comme je parle à des hommes déjà instruits et exercés, je me contenterai de décrire ma propre expérience, et je ne me permettrai que peu de mots; un long traité ne pouvant être à ma portée, ni convenir à ceux auxquels je m'adresse : et j'aurai soin de classer dans la table ces végétaux, d'après la classification de Jussieu, qui, revue par Lamarck, me paraît la plus abordable pour nous, parce qu'elle est fondée sur des caractères naturels et apparents.

Première Partie.

DES ARBRES DE GRANDE CULTURE.

Les arbres que l'on peut multiplier, soit en alignement, soit isolés, soit en masses, en bosquets ou en bois, sont de deux sortes : *à feuilles caduques*, que le célèbre Hartig appelle *arbres feuillus*; et *arbres verts, conifères* ou *résineux*, qui ont leurs feuilles persistantes. La culture de ces derniers ne peut être la même que la culture des autres. Cependant, toute spéciale qu'elle

puisse être, elle ne demande guère plus de soins
que celle des arbres feuillus ; mais l'organisa-
tion particulière des arbres verts exige une
méthode un peu différente. Encore moins propres à un sol comme le nôtre, c'est pour nous
une culture d'exception. Ces arbres font très-
bien mêlés avec des arbres feuillus ; leur couleur
foncée, leur verdure persistante, leur port tout
particulier, offrent de grandes ressources pour
les mouvements pittoresques, pour remplir
l'office de repoussoirs, pour ombrer ou ren-
foncer les tableaux, pour varier le ton des masses ; et, placés isolément, ils produisent des
effets que l'on ne peut obtenir que par leur
moyen. Mais comme culture profitable, comme
matériaux utiles d'industrie, je ne crois pas
qu'ils nous offrent de grandes chances de succès.
Soit en pépinière, soit en place, il est toujours
utile, et souvent nécessaire, de les planter en
motte, c'est-à-dire, de conserver autour de leurs
racines la terre qui y est adhérente, afin de pré-
server ces racines du hâle, qui est quelquefois
l'effet de quelques minutes d'exposition à l'air.
Car la difficulté de leur reprise tient essentielle-
ment à leur constitution, et lorsqu'ils sont à racines découvertes, il ne faut jamais les changer
de place qu'au mouvement de la sève, c'est-à-
dire, pendant les mois d'avril et de mai. Lorsqu'on les laboure, ou, ainsi que nous nous ex-

primons , lorsqu'on les *travaille* , il ne faut s'approcher d'eux que très-superficiellement ; car , surtout lorsqu'ils sont jeunes , leur chevelu et leurs racines sont très-peu enterrés. Ce soin , d'ailleurs , ne leur est pas tout-à-fait particulier, et on doit l'avoir , en général , pour tous les sujets nouvellement plantés. On doit rigoureusement épargner la serpette aux arbres verts autant qu'il est possible : ils sont si sujets à la déperdition de leur suc séveux , que souvent la taille les fait mourir , et toujours elle les affaiblit et les déshonore. Cependant quelques-uns , comme les cyprès, les ifs, les thuyas, les genévriers , peuvent repousser de leur pied ; mais il n'y a ordinairement ni avantage, ni profit à leur faire subir cette opération ; et , principalement pour ce motif , je ne puis partager l'opinion de ceux qui, dans les bois naturels, les mêlent aux arbres feuillus. Il est cependant possible que, dans des circonstances particulières , des clairières soient repeuplées d'arbres verts , surtout de sapinettes et de pins d'Écosse, qui sont ceux qui viennent le mieux dans nos terres , ou lorsqu'elles sont moins sèches qu'à l'ordinaire, le pin Weymouth. Au reste, je n'ai personnellement sur ce point qu'une expérience partielle ; et ce n'est pas sur nos coteaux cultivés , et moins encore dans nos plaines, que de grandes masses de résineux peuvent devenir une plantation d'utilité.

CHAPITRE PREMIER.

Des arbres à feuilles caduques, ou arbres feuillus.

1. ALIZIER (*cratægus*). Cet arbre se trouve souvent dans nos bois naturels; car un des principes de l'administration des forêts est de le respecter. Il atteint une hauteur de trente à quarante pieds, et son tronc peut avoir trois pieds de tour. Son bois est très-dur, d'un tissu serré et fin; il prend un beau poli, et est très-recherché par les tourneurs, les menuisiers et les charpentiers d'usines industrielles. Il répand une bonne odeur, et fait d'excellent charbon. Une terre forte, substantielle et un peu humide lui convient. Son fruit, sous le nom d'*alize*, est mangeable, lorsqu'il a été bletti comme la nèfle. Il doit être mis en jauge pour germer. On peut cultiver l'*alizier blanc* ou *commun* (*C. aria*); mais surtout l'*alizier de Fontainebleau* (*C. latifolia*). Il peut se multiplier de marcottes, et on peut aussi le greffer sur l'aubépine.

2. AMANDIER (*amygdalus*). Il vient principalement dans les terres légères, et la précocité de sa pousse lui fait redouter le froid, qui souvent emporte sa récolte. On l'emploie beaucoup pour recevoir la greffe en écusson à œil dormant

du pêcher et de l'abricotier. Dans les pays secs et chauds, on en fait des palissades et des haies d'une faible défense, mais d'un bon produit de combustible ; son bois est d'ailleurs de peu d'utilité. Pour le fruit, les variétés les plus recherchées sont : *l'amandier commun, à gros fruit* (*A. fructu majori*) ; *l'amandier à coque tendre* (*A. dulcis*), dit aussi *amandier des dames; l'amandier à fruit amer* (*A. amara*).

3. AUNE, VERNE (*alnus*). C'est l'arbre des lieux très-humides, et qui ne réussit jamais mieux que lorsqu'il a souvent le pied dans l'eau. Il retient les vases et exhausse le sol des cours d'eau par les atterrissements qu'il provoque et qu'il facilite. Il croît assez rapidement, et peut s'élever à cinquante ou soixante pieds; mais dans les cantons qui lui sont favorables, et où il est multiplié, il vaut mieux le couper tous les dix ou douze ans. Son bois est léger et de peu de valeur; il passe difficilement l'année à l'air sans se corrompre; mais enfoncé dans la terre ou dans l'eau, il résiste plus longtemps peut-être que le chêne; aussi en fait-on pour les pilotis un très-grand usage. On le multiplie exclusivement de rejetons qu'il donne avec abondance; aussi le cultive-t-on peu en pépinière. Sa reprise dans les localités qu'il préfère est très-facile.

4. AYLANTE (*aylanthus*). Cet arbre exoti-

que, mais acclimaté, plus ordinairement appelé *vernis du Japon*, introduit en France depuis près d'un siècle, croît rapidement ; et quoiqu'il ait beaucoup de moelle, il acquiert une assez grande dureté, et cinquante à soixante pieds de hauteur : il est très-commun dans nos jardins paysagers ; il réussit à peu près partout, répand une odeur désagréable, pousse tard, et trace prodigieusement ; aussi ne le multiplie-t-on que de rejetons.

5. BOULEAU (*betula*). Le *bouleau blanc* ou *commun* (*B. alba*), s'élève à quarante ou quarante-cinq pieds, et sa tige peut avoir trente-six à quarante pouces de tour. Son bois est nuancé de rouge ; il a le grain assez fin ; le charbon qu'il produit peut servir à la fabrication de la poudre, et son écorce pour les tanneries. Cet arbre, au fond, est d'une médiocre valeur ; son principal avantage est de croître dans les plus mauvais sols ; mais j'ai éprouvé que nos terres fortes et substantielles ne lui étaient pas favorables.

6. CATALPA (*bignonia catalpa*). Cet arbre, originaire d'Amérique, s'est parfaitement acclimaté. Ses larges feuilles, ses fleurs blanches frappées de rouge, le rendent agréable à l'œil ; aussi en voit-on beaucoup dans nos bosquets. Il s'élève de vingt-cinq à trente pieds ; mais son

tronc est rarement droit : son bois, de qualité médiocre, est poreux, verdâtre ou brun ; on le multiplie de graines, quelquefois de boutures et de marcottes.

7. CERISIER (*cerasus*). Le cerisier est également précieux par son fruit, par la qualité de son bois, très-recherché pour la menuiserie et l'é-bénisterie, par la facilité de sa croissance dans les coteaux et les terres en plaine du Toulousain et du Lauragais. Ce genre d'arbres peut être divisé en deux espèces, l'une indigène à la France, le *merisier* (*prunus avium*), très-robuste, très-vigoureux, très-élevé, dont les fruits, chétifs et médiocres, font de l'*eau de cerise* et du *kirschenwasser*; et le *cerisier lucullus* ou *griottier* (*prunus-cerasus*), originaire de l'Asie mineure, moins beau à tous égards comme forestier, mais qui a produit par la culture les excellentes variétés de fruit connues sous le nom de *cerise*, lesquelles se greffent toutes sur l'une et sur l'autre espèce. Toutes deux sont peu difficiles sur le terrain, elles se multiplient de rejetons ; mais, à tous égards, on doit préférer le semis de noyaux. Les meilleures espèces de cerisiers qu'il nous convient de cultiver, sur le grand nombre qu'on en connaît, sont : 1.º pour les cerisiers merise, le *cœur de poule*, la *grosse cerise noire*, l'*albane*, les différents *bigarreaux*; 2.º pour les

cerisiers griottiers, la *cerise d'Angleterre*; le *gros gobet*, *cerisier de Montmorency* ou *guigne à courte queue*; le *guindoux*; la *copale ambrée* ou *marrane*. Dans les bois, le cerisier repousse bien, et fait même des trochées vigoureuses : mais, sous ce rapport, on doit surtout multiplier deux autres espèces qui ne peuvent se confondre avec les précédentes, le *cerisier à grappes* (*prunus padus*); et surtout le *mahaleb* ou *bois de Sainte-Lucie* (*prunus mahaleb*), arbre peu élevé, puisqu'il ne s'élève qu'à douze ou quinze pieds, mais dont le bois odorant, violet, et ressemblant au palissandre, est très-recherché par les fabricants de plusieurs petits meubles; qui vient à peu près partout; buissonne et repousse très-bien : et fait d'excellent fagotage et de bon bois à brûler. Je suis le premier qui ai multiplié beaucoup cet arbre, et on en a planté, dans mon voisinage, des haies ou palissades qui viennent très-bien, et se coupent avec avantage tous les trois ans.

8. CHARME (*carpinus*). Le *charme commun* (*C. betulus*), est un bon arbre d'alignement de quarante à quarante-cinq pieds de haut, mais il s'emploie principalement en palissades, à quoi le rend très-propre sa facilité à multiplier ses branches, à souffrir la tonte, et à prendre toutes les formes. Aussi était-il

très en usage dans les jardins français sous le nom de *charmille*. Il croît assez lentement, surtout dans les terres argileuses, quoiqu'il demande un sol profond ; il est très-bon à brûler et fait d'excellent charbon.

9. CHATAIGNIER (*fagus castanea*). Cet arbre vient mal dans les terres fortes et se plaît dans les fonds sablonneux et rocailleux. C'est avec le chêne le plus précieux et le plus utile des arbres forestiers ; son bois qui ressemble à celui-ci est moins sombre ; il est comme lui excellent pour la charpente et la menuiserie, préférable à tous surtout pour les futailles ; et coupé en taillis, donne les meilleurs cerceaux et les plus durables échalas. Le châtaignier ne s'élève guère qu'à soixante ou quatre-vingts pieds, mais sa grosseur est considérable. Celui de l'Etna, si célèbre, a cent soixante pieds de circonférence ou cinquante-trois de diamètre : mais on coupe ordinairement le châtaignier planté en masse à vingt-cinq ou trente ans au plus. Il ne se multiplie que de ses graines ou fruits, que l'on fait préalablement stratifier. Sous ce dernier rapport, les meilleures espèces de châtaigniers à reproduire par la greffe sont *la grosse châtaigne commune* ou *pourtalonne*, *la verte du Limousin*, et *le marron de Lyon*.

10. CHÊNE (*quercus*). Le chêne est le

plus grand et le plus beau des arbres feuillus d'Europe, ainsi que le plus utile et le plus commun de tous. Seul, il pourrait presque suppléer tous les autres, et dans beaucoup d'usages il ne pourrait être suppléé par aucun. On en connaît environ vingt espèces, qui offrent près de cent variétés différentes ; mais une partie appartiennent à l'Amérique, dont plusieurs, il est vrai, sont acclimatées. Le chêne, depuis la plus haute antiquité, est l'arbre le plus poétique, le plus social ; comme ornement de la terre, comme bois dur, résistant et durable. Malheureusement arbre éminemment pivotant, il prospère mieux semé en place qu'élevé en pépinières, dans lesquelles sa croissance régulière, mais lente, lui fait préférer des essences moins précieuses. L'écorce du chêne est la plus employée pour le tan ; son charbon un des meilleurs que l'on connaisse. Nous parlerons plus bas des *chênes verts* ; les *chênes nains*, et ceux *à fruits mangeables* ne sont pour nous qu'un objet de curiosité. Les espèces qui nous réussissent le mieux sont le *roure* ou *rouvre*, *durelin*, *chêne mâle*, *chêne noir* (*quercus robur*) ; c'est à lui qu'à juste titre on a donné le nom de *roi des arbres*. Il s'élève à soixante-douze pieds de hauteur ; son bois débarrassé de l'aubier est extrêmement dur, presque incorruptible et des plus pesants. Sa croissance est lente , et sa vie se prolonge plusieurs siècles. C'est le meilleur bois de chauffage. Près de lui se place le *chêne pédonculé*, *chêne blanc*, *chêne femelle*, *chêne à grappes*, *gravelin* (*quercus pedonculata*) qui le surpasse en beauté et en hauteur ; mais dont le bois n'est ni aussi dur ni aussi bon pour le chauffage, quoiqu'il soit préféré pour la menuiserie. Ces deux espèces composent le fonds de nos forêts. On a découvert dans un bois à Mauremont une variété jusqu'à présent inconnue de cette espèce, qui a cela de particulier, qu'elle feuille presque en même temps que l'orme , et que sa tête s'arrondit bien : j'ai commencé à la multiplier, parce que je la crois plus propre à l'alignement. Des espèces de chênes qui nous sont venues d'Amérique , on doit cultiver de préférence le *chêne blanc* (*Q. alba pinnatifica*), dont le bois est plus élastique , et le *chêne aquatique* (*Q. lyrata*) qui vient exclusivement dans les terrains humides. Il est à désirer que l'on puisse surtout multiplier ici le *chêne pyramidal* , *chêne cyprès* , *chêne des Pyrénées* (*Q. fastigiata*) qui vient spontanément dans les Landes , et qui n'est peut-être qu'une variété locale ; dont les glands avortent souvent , et qui est remarquable par la disposition de ses rameaux , se rapprochant de la tige comme ceux du cyprès et du peuplier d'Italie. Le chêne, même l'espèce dite le *chêne châtaignier* (*Q. pris-cus*) est le plus propre à former des bois. Le chêne commun et surtout celui que l'on désigne sous le nom de *chêne blanc* , reçoit la greffe des espèces exotiques. Cet arbre tant qu'il vit repousse très-bien de ses racines , et forme des trochées très-fortes. Il ne porte des glands que vers trente-six ou quarante ans , et il est sous ce rapport bisannuel ou même triennal. Le terrain que préfère le roure est sec et sablonneux ; le chêne pédonculé nous convient mieux , il le désire profond et un peu fort. Le semis de glands stratifiés est la seule manière de multiplier le chêne.

11. COGNASSIER (*cydonia*). Cet arbre, assez petit et d'assez mauvaise mine , ne se cultive guère que pour recevoir le greffe du poirier. Mais comme naturellement il aime les terrains légers , chauds et frais , il nous est plus convenable de greffer sur franc. Nos jouissances sont plus retardées , mais plus assurées et plus durables. Quand on veut avoir des cognassiers pour leur propre fruit , on préfère le *cognassier de Portugal* (*C. lusitanica*). Il serait bien préférable de multiplier le cognassier de graines ; mais la lenteur de ce moyen fait préférer les rejetons et les marcottes , car la racine de cet arbre , très-vigoureuse et presque

éternelle , le fait employer habituellement pour indiquer les bornes d'héritage.

12. CORMIER ou SORBIER (*sorbus*). Cet arbre ne s'élève qu'à vingt-cinq ou trente pieds ; il se multiplie au moyen de son fruit qui ressemble à la merise , qu'on fait blettir, et dont dans certains endroits on tire une sorte de poiré et même d'eau-de-vie. On préfère le *sorbier domestique* (*S. domestica*). comme étant plus grand , plus fort , et ayant le fruit plus gros et plus charnu. On multiplie aussi dans les bosquets d'agrément le *cochesne* ou *sorbier des oiseaux* (*S. aucuparia*) Le bois du cormier est très-dur, blanchâtre et reçoit un beau poli.

13. CYTISE (*cytisus*). C'est un petit arbre ou plutôt un arbuste qui ne s'élève guère qu'à quinze ou vingt pieds. On élève principalement le *faux ébénier, cytise des Alpes , aubours* (*C. laburnum*) , et le *cytise des jardins* (*C. sessifolius*). Cet arbre se multiplie de graines ; son bois est bon , dur et excellent pour le chauffage. Il vient très-bien dans nos terres et fait des taillis productifs.

14. ÉRABLE (*acer*). C'est un arbre forestier qui s'élève de trente-six à quarante pieds : réussit dans les terrains profonds , secs et de médiocre qualité , donne un bois blanc ou gri-

sâtre , bien veiné , employé par les charrons et les menuisiers , et surtout par les facteurs d'instruments ; il est cassant , mais peut-être moins dans nos terres ; il vient assez vite : son bois, médiocre comme bois de chauffage, fournit cependant d'assez bons fagots. On le multiplie exclusivement de graine. Les espèces préférées sont l'*érable sycomore* (*A. pseudoplatanus*) ; l'*érable plane* (*A. platanoïdes*) ; et on a naturalisé d'Amérique l'*érable à feuilles de frêne* (*A. negundo*). On multiplie par la greffe sur le sycomore l'*érable de Virginie* (*A. eriocarpum*), l'*érable de montagne* (*A. spicatum*) ; l'*ayart* ou *érable duret* (*A. opulifolium*) ; l'*érable jaspé* (*A. pensylvanicum*). Tous les érables donnent du sucre par incision.

15. FÉVIER (*gleditzia*). Ce sont des arbres d'Amérique acclimatés qui s'élèvent assez lentement de trente à trente-six pieds , très-propres aux jardins d'agrément, surtout l'*acacia à trois pointes* (*G. triacanthos*) dont les épines énormes servent de pointes et de clous dans son pays natal , et pourront ensuite nous le rendre d'une utilité spéciale. Le févier vient assez bien dans une terre substantielle ; il se multiplie de ses graines qui avortent souvent, et son bois est semblable à celui du robinier.

16. FIGUIER (*ficus*). C'est un arbre ou

plutôt un arbrisseau à moelle , dont le fruit est justement estimé et recherché dans le Midi de la France , où il vient presque sans culture , surtout placé dans les vignobles , et se contente du travail que reçoivent ceux-ci. Il est bon dans les jardins de le placer dans une position abritée , car il redoute spécialement le froid ; et comme les meilleures espèces mûrissent tard , il est à désirer qu'on leur épargne les gelées précoces. Cependant celles que l'on appelle en général *figues fleurs* , donnent deux fois l'année , ou plutôt leur fructification se prolonge de juillet à octobre. On ne multiplie le figuier que de rejetons qu'il produit en abondance , et on le met peu en pépinière : cependant , pour ne pas trop fatiguer l'arbre mère , il serait bon , je crois , au lieu de laisser les rejetons se renforcer à son pied , de retirer tous les ans ces pousses qui l'épuisent , et de les mettre en bâtardière pour leur faire acquérir ainsi la force qui leur est nécessaire pour la plantation définitive. Les meilleures espèces que l'on peut cultiver sont : 1.° la *figue fleur blanche* , arbre vigoureux , mais qui avorte quelquefois : le fruit est blanc , rose en dedans ; 2.° le *gourreau* ou *aubicon* , vert jaunâtre , très-gros ; 3.° la *figue violette* , gros fruit , pulpe rouge : 4.° la *figue de Bordeaux* ou *poire-figue* , allongée , violette , pulpe rouge jaunâtre : la figue ici cultivée avec succès sous le nom de *mauremont violet*, et dont la chair est d'un blanc jaunâtre, est peut-être une variété de la poire figue ; 5.º la *figue de Marseille*, peau et pulpe d'un jaune doré, est une des meilleures ; 6.º l'*angélique*, très-bonne figue, est jaune et sa pulpe d'un rouge vif ; 7.º la *figue noire*, très-commune et très-productive, est médiocre ; enfin, 8.º la *figue de Lipari, blanquette* et *esquilarelle*, qui est petite, ronde, blanche, sucrée, parfumée, la meilleure de toutes : mais, venant tard dans notre climat, elle est souvent frappée par la gelée et conserve une peau trop épaisse.

Les figuiers, pour bien prospérer, doivent être labourés deux fois l'an au moins : on doit mettre à leur pied de la *charrée* ou des cendres lessivées, et leur donner une fumure qui ne soit pas cependant trop ardente. De bons terreaux, des débris de couche sont ce qui leur convient le mieux. Avant l'hiver, et lorsqu'on craint que le froid ne soit rigoureux, on peut empailler leur tige ou en recouvrir leur pied.

16. FRÊNE (*fraxinus*). Cet arbre, grand, ombrageux, dont le bois est si utile dans les arts industriels, surtout le charronnage et la râclerie, réussit parfaitement dans nos terres plus ou moins argileuses ; et quoique réputé dans le Nord pour être aquatique, il vient ici

à peu près partout , donne de bon bois de chauffage ; il a pour un bois dur, une croissance assez rapide , mais il faut éviter de le planter à l'exposition du midi et à celle du levant. Ses racines nombreuses et envahissantes font souvent périr ses voisins ; ce qui m'a forcé à arracher pour ce motif bon nombre de peupliers avec lesquels je l'avais associé à tort. Il repousse bien du pied et fait de bonnes trochées ; il réussit très-bien à l'ombre des autres arbres , ce qui le rend précieux pour les repeuplements des clairières dans les bois. Pour nos terres du Laugais , c'est le premier arbre d'utilité et celui dont la végétation est la plus assurée. On le multiplie exclusivement de graines qui réussissent facilement. Aussi en ai-je élevé plus de dix mille pieds, principalement du *frêne commun, grand frêne (F. excelsior)* ; du *frêne d'Amérique (F. Americana)* qui vaut peut-être mieux que le premier et dont le succès est le même. On greffe sur le frêne commun quelques espèces exotiques , comme le *frêne vert (F. viridis)*, le *frêne noyer (F. carolina)*, le *frêne noir (F. nigra)*, le *frêne à fleur (F. ornus)*, qui vient dans les plus mauvais sols , et qui donne une partie de la manne du commerce. Il s'est trouvé parmi les frênes que j'ai plantés une nouvelle variété de frêne commun dont l'écorce est plus grise et plus unie , et la feuille plus développée. M. Moquin-Tandon , qui m'en a fait apercevoir, m'a engagé à le multiplier, et j'en attends des graines fertiles pour le tenter.

18. GAINIER (*cercis*). Cet arbre et surtout l'espèce appelée communément *arbre de Judée* (*C. siliquastrum*) , n'est pas élevé , car il dépasse rarement une hauteur de vingt pieds ; mais son aspect le fait admettre habituellement dans les jardins paysagers , dont il fait l'ornement par ses feuilles larges , glabres et touffues, ses fleurs rose et blanc de diverses nuances ; et il mérite d'être placé dans les bois par sa facilité à pousser dans tous les sols , hors ceux qui sont excessivement humides ou trop crayeux , par la bonté de son bois pour brûler et la vigueur de sa souche. On le multiplie de graines qu'il fournit en très-grande abondance.

19. HÊTRE (*fagus*), bel arbre forestier qui peut dans de bonnes conditions s'élever à soixante-dix pieds , mais bien inférieur au chêne et au châtaignier, tant par sa durée que par la qualité de son bois. On le multiplie au moyen de ses graines appelées *faînes*. Le hêtre vient mal sur nos terres : je ne le cultive pas.

20. MARRONNIER (*esculus*), peut-être le plus bel arbre forestier d'ornement , surtout le *marronnier d'Inde* (*E. hippocastanum*) , que

son port majestueux , son élégance et la rapidité de sa croissance faisaient extrêmement multiplier dans les anciens jardins français. Ici le marronnier d'Inde vient lentement et moins bien ; son bois n'est pas meilleur, son fruit n'est pas plus mangeable et ne sert qu'à la reproduction. Je ne le cultive pas , toutefois après des essais infructueux.

21. MERISIER. *Voyez* Cerisier.

22. MICOCOULIER (*celtis*) , arbre forestier qui peut s'élever à quarante pieds. Son bois est brun , compacte, liant, et peut remplacer l'orme dans les divers usages de ce dernier , surtout celui du *micocoulier austral* ou de *Provence* (*celtis australis*). Il est très-bon pour le charronnage , son fruit n'est guère mangeable ; ce sont de jeunes pousses de micocoulier qui donnent les jets dont on fait les manches de fouet. Il est assez indifférent sur le terrain; le nôtre ne paraît pas lui être très-propre , aussi vient-il fort lentement , cependant il fait pour les bois de bonnes trochées. On le multiplie de graines ; et une autre de ses espèces est cultivée dans les jardins paysagers sous le nom d'*arbre de soie* (*rhamnus michranthus*) dont il peut même recevoir la greffe.

23. MURIER (*morus*). Cet arbre d'Asie , et

naturalisé en France, donne un fruit assez agréable, surtout celui du *mûrier noir* (*M. nigra*). Mais c'est surtout le *mûrier blanc* (*M. alba*), qui est l'objet de la culture en grand de cet arbre, comme fournissant la nourriture du bombyce du mûrier, appelé *ver à soie*. Son éducation, sa taille et sa récolte réclament une attention et des soins particuliers, puisqu'elles sont la base d'une industrie extrêmement profitable. Le bois du mûrier est d'une belle couleur jaune, mais grossier ; il reçoit mal le poli. Cet arbre se multiplie de graines et même de boutures ; ce qui est un des nombreux avantages qu'offre spécialement le *mûrier des Philippines* (*M. multicaula*), introduit depuis peu d'années avec un merveilleux succès.

24. NOYER (*juglans*). Ce bel arbre réunit à un bon fruit, un beau port, des feuilles larges, une longue durée, une belle taille et un bois excellent, le meilleur des bois indigènes pour la menuiserie. On le multiplie de semences ou de ses fruits, que l'on fait préalablement stratifier. On propage par la greffe les meilleures variétés de table : ce sont *la noix grosse* ou *de jauge*, la *noix tendre* ou *mésange*, et surtout *la noix tardive* ou *de la Saint-Jean*, qui est certainement plus productive. A l'exception des noyers d'Amérique, qui prospèrent dans les terres hu-

mides, le noyer veut une terre légère , même
rocailleuse, friable ; et ne peut par conséquent
que mal réussir dans les nôtres , où sa croissance est si lente , que des sujets plantés depuis
vingt-cinq ans, n'ont acquis que douze ou vingt
pieds de hauteur.

25. ORME (*ulmus*). Sans être le plus dur, le
plus fin , le plus élastique de nos bois indigènes; sans être ni le plus beau , ni le plus
agréable de nos arbres d'avenue et de planta-
tation, quoique dévoré , déshonoré par la galé-
ruque et un bombyce, c'est celui qui est le plus
généralement utile, celui qui est le plus univer-
sellement employé, et celui qui offre le plus d'a-
vantages. Il se multiplie de drageons , de marcottes , et plus généralement de graines, lesquelles, par une exception très-peu commune,
ne mûrissent qu'en mai, et doivent , sur-le-
champ, être semées, sans les beaucoup recouvrir, pour en jouir plus tôt. Le bois d'orme, dur
et liant, ferme et résistant, ne peut être qu'in-
complètement remplacé par un autre. Il vient
bien partout, mais surtout dans les terres substantielles et légères; aussi dans nos terres fortes
il est plus lent à croître : sa vie est longue , il s'é-
lève à soixante ou quatre-vingts pieds de haut.
On cultive principalement l'*orme blanc* ou *vulgaire* (*U. campestris*), avec ses variétés, l'*orme*

à petites feuilles rudes ou *ormille*; l'orme de Hollande ou *orme tilleul*; l'orme à *larges feuilles* ou *orme gras*; l'orme à *fibres contournées* ou *orme tortillard*. Ces deux dernières, si recherchées, l'une pour les avenues, l'autre pour la qualité de son bois, se greffent sur l'orme commun; mais je crois que, pour les usages économiques, il vaut mieux le laisser ou l'obtenir franc de pied. L'orme brûle mal, fait un mauvais charbon; mais il va bien dans les bois, ses cépées sont vigoureuses, et, comparées à celles du chêne, elles poussent rapidement dans les premières années.

26. PEUPLIER (*populus*). Cet arbre qui croît rapidement, est un des plus cultivés, à cause de la facilité de son éducation, et des nombreux usages de son bois; cependant il est blanc, tendre et sujet à se fendre en séchant. Le plus utile de tous et le plus commun dans les parties septentrionales de la France, est, 1.° le *peuplier noir* (*populus nigra*), un peu moins élevé et moins droit. Comme depuis des siècles on le cultive, il a produit plusieurs variétés, dont nous en avons ici deux, sous le nom de *peuplier du pays* et de *peuplier femelle*. Son bois est excellent, plus dur, plus liant, mais il est plus rare d'en trouver des échantillons bien longs. Une autre espèce de peupliers, très-commune dans le Nord et dans

l'extrême Midi de la France, qui était ici presque inconnue, et que j'ai beaucoup multipliée, est 2.° le *peuplier blanc, arbre blanc, blanc de Hollande, Ypréau* (*P. alba* ou *P. major*), qui est toujours confondu avec son congénère le *peuplier grisard, grisaille, abèle, franc-picard* (*P. canescens*). Ces deux espèces ne filent pas très-droit, mais elles deviennent fort élevées. Le premier que j'ai planté vient d'une bouture que j'ai reçue de Paris en 1806. Il a donc aujourd'hui trente-quatre ans; il a plus de soixante pieds de haut, et près de douze pieds de tour, il n'est pas très-droit, mais ses branches sont énormes. Il y a quelques années que j'en fis couper une très-grosse qui gênait; elle donna plus d'une charretée de bois. Ce peuplier vient presque partout dans nos terres profondes, et assez vite, dans la proportion de la fraîcheur du sol ; mais il a le très-grand désagrément de produire, de ses racines traçantes, et à tout âge, une immense quantité de rejetons, qui servent à le multiplier, et au bout de deux ans ces rejetons sont assez forts pour être mis en place. 3.° Le *peuplier suisse* ou *peuplier de la Virginie* (*P. monilifera*), a les feuilles larges, les rameaux légèrement anguleux à leurs extrémités, et un sujet planté à Mauremont, à côté de l'ypréau dont je viens de parler, et dans les mêmes conditions, car alors nous ne le connais-

sions pas, a plus de hauteur et presque autant
de grosseur. Ce peuplier vient très-droit et ne
donne guère de rejetons. Ses boutures veulent
être mises en bâtardière, car elles manquent souvent. 4.° Le *peuplier de la Caroline* (*P. an-
gulata*), est remarquable par ses feuilles très-
larges, ses bourgeons très-anguleux. Je l'ai aussi
introduit, et on l'appelle dans le pays *peuplier
carré*. Il a le grand inconvénient d'être difficile
à la reprise et d'être sujet à être dévoré par une
sorte de ver blanc qui le fait sécher ; mais la racine résiste, et il repousse promptement. 5.° Le
peuplier tremble (*P. tremula*), que nous appelons *tremoul*, vient aussi fort élevé, mais peu
gros ; il est plus difficile sur le terrain, et on le
multiplie moins. 6.° Enfin, le *peuplier d'Italie
ou de Lombardie* (*P. fastigiata*), est ici le plus
cultivé. On peut même dire que c'est presque le
seul arbre populaire ; il le doit à la rapidité de
sa croissance, à sa forme pyramidale et toujours
droite ; ce qui le rend éminemment propre à la
charpente. Planté dans nos vallons, il acquiert
jusqu'à quatre-vingts pieds d'élévation. A douze
ans de plantation, il peut fournir des chevrons ;
à vingt, des solives ; à trente, des poutres, et on a,
dans un âge plus avancé, des pièces de dix-huit
pouces de hauteur, douze de largeur, et de trente
pieds de long. Il est résistant, et compose à lui
seul toute la charpente de nos bâtiments ruraux ;

il ne fait pas de rejetons, mais il se reproduit très-facilement de boutures et même de plançons. C'est celui qu'on choisit pour greffer les espèces exotiques, comme le *peuplier faux tremble* (*P. tremuloïdes*); le *peuplier du Canada* (*P. Canadensis*); le *peuplier* d'*Hudson* (*P. Hudsonica*); *le peuplier argenté* (*P. heterophylla*); le *peuplier noir à grandes feuilles, baumier* ou *tacamahaca* (*P. folio maximo*); le *peuplier liard* ou à *feuilles vernissées* (*P. caudicans*).

Les peupliers ne se propagent que de boutures : quelques-uns, comme ceux de Virginie et de Caroline, ont besoin d'essayer leurs reprises en bâtardière ; et l'ypréau par rejeton. Tous aiment un sol plus ou moins frais; leur bois est blanc, léger et très-propre à la charpente et à la menuiserie.

27. PLATANE, PLANE (*platanus*). On connaît deux sortes de platanes, le *platane de Virginie* ou *occidental* (*P. occidentalis*); et le *platane du Levant* ou *oriental* (*P. orientalis*). Cet arbre célèbre et si estimé dans l'Orient, est très-beau; il s'élève, dit-on, à quatre-vingts pieds. Du reste, analogue aux peupliers, comme eux il aime une terre profonde, substantielle et fraîche. Il se multiplie de boutures : mais elles manquent souvent, et il est prudent de les mettre un an en

bâtardière, pour ne placer en pépinière que celles qui auront pris. Son bois est blanc, serré, propre à la charpente, à la menuiserie et au charronnage ; il est plus dense et plus fort que celui du peuplier d'Italie ; mais il ne vient pas aussi droit ; son feuillage épais est très-ombrageux ; son écorce grise se détache en plaques et tombe chaque année. Il paraît que le platane d'Occident est moins difficile sur le terrain, et qu'il exige moins de fraîcheur.

28. POIRIER (*pyrus*). Le poirier est un arbre naturellement épineux, qui porte un fruit que la greffe et la culture ont tellement amélioré, que l'on en compte maintenant plus de cent soixante variétés pour la table et quatre-vingts à boisson, ou *poiré*. Son bois est dur, excellent pour le feu, et blanc ; mais il prend si parfaitement le noir, qu'il peut imiter l'ébène. Dans nos terrains, le poirier sauvage, ou franc, est plus propre que le cognassier à recevoir la greffe des espèces cultivées. Il vient lentement, mais finit par réussir très-bien, et il dure. Obligés de nous borner dans le choix, voici ce me semble les variétés que l'on doit préférer, soit pour la qualité du fruit, soit pour la beauté de l'arbre :

1. Amiré Joannet, poire Saint-Jean.
2. Sept en gueule.
3. Madeleine, citron des Carmes.
4. Rousselet de Reims.

5. Blanquet à longue queue.
6. Epargne.
7. Saint-Laurent.
8. Orange.
9. Epine rose.
10. Royale.
11. Bon chrétien.
12. Muscat.
13. Bergamotte.
14. Verte longue.
15. Beurré.
16. Doyenné.
17. Messire Jean.
18. Cressanne.
19. Louise bonne.
20. Virgouleuse.
21. Saint-Germain.
22. Martin sec.
23. Bezy de Chaumontel.
24. Franc réal.
25. Royale d'hiver.
26. Angélique.
27. Angleterre.
28. Martin sire.
29. Rousselet d'hiver.
30. Colmar.
31. Catillac.
32. Impériale.

29. POMMIER (*malus*). C'est l'arbre de ce genre qui vient le mieux dans nos sols argileux. Cet arbre renferme aussi beaucoup de variétés, tant pour la table que pour la boisson ou *cidre*. On greffe les jeunes sujets destinés à faire des arbres à *haute tige* ou *plein vent* et des *pyramides* sur le pommier *franc*; ceux pour des *quenouilles ordinaires* sur la variété appelée *doucin* (*M. coronaria*); et ceux qui doivent rester *nains*, et taillés en *buisson* ou *calice* sur le pommier *paradis* (*M. pumila*). Mais, tant qu'on le peut, il vaut mieux ici préférer le franc : le bois du pommier est dur et ressemble beaucoup à celui

du poirier. Je préfère la culture des espèces suivantes :

1. Madeleine.
2. Calville d'été et d'hiver.
3. Museau de lièvre.
4. Rambour.
5. Fenouillet.
6. Merveille.
7. Reinette.
8. Anis.
9. Glace.
10. Faros.
11. Blanc d'Espagne.
12. Passe-rose.
13. Dille.

Il y a dans ces espèces plusieurs variétés, ainsi que dans les espèces de poiriers que j'ai citées.

30. PRUNIER (*prunus*). Cet arbre, fort rustique, vient assez bien dans nos sols. Son fruit est en général estimé. Je préfère cultiver les espèces suivantes, et leurs variétés :

1. Prune de Tours.
2. Damas.
3. Robe de sergent.
4. Monsieur.
5. Perdrigon.
6. Reine-Claude.
7. Impériale.
8. Impératrice.

Le prunier reçoit aussi la greffe de l'abricotier. On aime généralement mieux l'*abricot commun* ou *musqué*, et surtout l'*abricot pêche*.

Enfin, de tous les sujets auxquels l'on peut confier le pêcher, arbre qui nous est presque antipathique, greffé sur l'amandier et sur le pêcher lui-même ; il me paraît que le prunier est celui qui nous fait espérer le plus de succès ; surtout si l'on choisit la variété connue sous le nom de *prunier de Saint-Julien*, plus faible, et qui emporte moins la greffe. Voici les espèces de pêchers qui peuvent, à mon avis, être préférés par nous.

1.º PÊCHES *à peau veloutée, dont la chair quitte le noyau :*

Mignonne.	Vineuse.
Alberge.	Teton de Vénus.
Madeleine.	Royale.
Chevreuse.	

2.º PAVIES *à peau veloutée, dont la chair adhère au noyau.*

Perseque de Pa-miers.	Jaune de Cazères.
	Pompone.

PÊCHES VIOLETTES *à peau lisse, dont la chair se sépare du noyau.*

Violette hâtive et tardive.

BRUGNON ou *pêche lisse qui ne se sépare pas du noyau.*

Brugnon violet et brugnon jaune.

Le prunier a beaucoup de gomme, qu'on appelle *gomme du pays.* Son bois est dur, plein, veiné et compacte ; il reçoit un beau poli. Le *prunier sauvage* ou *prunellier, épine noire*

(*prunus spinosa*), est épineux, forme des haies
qui se dégarnissent, et a le défaut de drageonner
beaucoup. Son fruit, acerbe, astringent, est
très-médiocre.

31. ROBINIER (*robinia*). La mode et un en-
thousiasme trop prompt, ont, pendant quelques
années, donné une grande vogue à cet arbre, et
en a fait beaucoup planter, surtout, de l'*acacia
robinier* (*robinia pseudo acacia*), car on s'était
laissé séduire par la facilité de sa multiplication,
par la promptitude de sa croissance, par la beauté
de ses fleurs, par la bonté exagérée de son bois.
Comme les autres, j'ai donné dans cette manie,
mais plutôt qu'un autre j'ai été détrompé. Le robinier vient partout, mais il préfère les bons sols.
Son bois est bon, mais cassant; il brûle en pétil-
lant, fait de mauvais charbon; son feuillage est
petit, peu ombrageux et tardif; il drageonne
beaucoup, et nuit aux cultures avoisinantes; ses
épines, fortes et hérissées, sont souvent passa-
blement désagréables; l'odeur de ses fleurs est
douce, suave, mais trop fortement spermatique.
Cependant il est bon à cultiver, ses graines lè-
vent bien, et sa qualité épineuse peut avoir ses
avantages; je les place ordinairement, ainsi que
celles du février, dans les lignes les plus exposées
de mes pépinières.

32. SAULE (*salix*). Le saule que l'on cultive

de préférence et très-fréquemment , est le *saule blanc* (*salix alba*). On le place très-avantageusement dans les terrains humides. Il croit très-vite, et, quoique ses boutures prennent très-bien, il est rare qu'on le mette en pépinière. On le propage avec des *plançons*, c'est-à-dire, avec des branches de deux à cinq ans, aiguisées par le bout, que l'on enfonce dans la terre de deux pieds ; ou mieux, qu'on place dans des trous entourés de terre végétale. Ordinairement on le coupe à six pieds de hauteur environ, et on en forme des têtards que l'on exploite tous les trois ans , pour faire des tuteurs , des palissades , des échalas ou cercles médiocres et de peu de durée , mais très-peu coûteux. Son bois , d'un blanc rougeâtre, peut être comparé, pour l'usage, à celui du peuplier d'Italie ; mais je le crois un peu meilleur. On doit placer sur la même ligne le *saule de Babylone, saule parasol , saule pleureur* (*S. Babylonica*), très-recherché dans les plantations d'agrément , par la disposition particulière de ses rameaux pendants. Le *saule marsault* (*salix caprea*) varie beaucoup , suivant les terrains , qui lui conviennent tous à peu près ; mais le nôtre a pour lui trop de consistance. Le saule blanc, qu'on laisse pousser à volonté , file très-bien, et acquiert soixante à quatre-vingts pieds de haut ; le Babylone et le marsault, de vingt à trente.

Plusieurs espèces de saule nain sont cultivées, sous le nom d'*osier*, pour faire des liens. On distingue l'*osier rouge* (*salix purpurea*), l'*osier jaune* (*salix vitellina*), et l'*osier blanc* (*salix viminalis*). Le rouge est le plus liant, le jaune est le plus commun, le blanc est le plus fort. Tous les osiers aiment une terre forte, profonde et fraîche.

33. TILLEUL (*tilia*). Cet arbre, qui aime un terrain frais, léger, profond, réussit peu dans nos sols. Le *tilleul des bois*, *tillau* (*tilia Europæa*), vient assez vite, peut acquérir cinquante pieds de haut et une grosseur monstrueuse; mais on le coupe ordinairement assez jeune.. Son bois est blanc, assez pesant, sa qualité est médiocre, il brûle mal, fait de mauvais charbon, qui peut servir à la fabrication de la poudre. Mais dans nos pépinières nous ne cultivons que la variété connue sous le nom de *tilleul de Hollande* ou à *feuilles larges* (*T. plataphyllos*), recherché par son beau feuillage et sa facilité à prendre sous la serpe toutes les formes. Il se multiplie de graines.

CHAPITRE 2.

Des arbres toujours verts.

1. BUIS , BOUIS (*buxus*). Tout le monde connaît le bois de buis et ses nombreux usages. Cet arbre se multiplie au moyen de ses semences , de marcottes et de boutures que l'on fait au printemps avec un petit talon de vieux bois. Le *buis nain* ou *à bordure* (*B. fructicosa*) était autrefois très-employé à cause de la facilité de sa tonte. Le *buis commun* (*B. sempervirens*) aime les terrains élevés , chauds , secs et légers. Cet arbre se reproduit de son pied.

2. CÈDRE (*pinus cedrus*). Le *cèdre du Liban* (*cedrus laryx*) qui est maintenant confié à l'Europe pour son existence future , est un arbre magnifique , dont le bois est dur, excellent , incorruptible , d'une célébrité historique et le plus majestueux de tous : mais sa croissance est si lente , qu'il n'est encore qu'un arbre d'agrément.

3. CHÊNE (*quercus*). Le *chêne vert* ou *yeuse* (*Q. ilex*) est un petit arbre tortueux , branchu , dont le bois est d'une force et d'une dureté admirables , qui vient très-lentement dans les terrains crayeux , secs ou sablonneux.

Le *chêne liége* ou *surrier* (*Q. suber*) s'élève davantage ; les propriétés de son écorce sont connues. Quoiqu'il ne paraisse prospérer que dans
les terrains légers et sablonneux ; cet arbre était
autrefois, à ce qu'il paraît, assez répandu dans
le Lauragais : on le respectait, mais dès longtemps on ne le reproduit pas, et il a disparu
dans la plupart des localités. Le dernier de
ceux que je possédais fut enlevé par le froid de
1829 à 1830. On en trouve peu dans les pépinières de Toulouse, et quoique planté en motte,
il manque souvent à la reprise. Il repousse du
pied, mais il paraît que c'est dans les Landes
qu'il prospère assez pour donner un revenu de
quelque importance.

4. CYPRÈS (*cupressus*). Il est assez ancien
dans le pays, mais toujours il fut rare et isolé,
et il y en a peu de beaux, ce qui prouve que le
sol ne lui est pas favorable. Il repousse du pied.
Celui qu'on plante de préférence est le *cyprès
commun, cyprès femelle, cyprès pyramidal*
(*C. sempervirens*) ; il s'élève plus que le *cyprès étalé, cyprès mâle, cyprès horizontal*
(*C. horizontalis*). Le bois de cyprès est dur,
fortement odorant et incorruptible. Il est très-
difficile de faire reprendre le *cyprès distique,
cyprès chauve, cyprès de la Louisiane* (*C. dis-
ticha*) qui ne se place que dans les terres aqua-

tiques , qui vient plus vite que les autres et devient un arbre superbe.

5. GENÉVRIER (*juniperus*). Ce n'est qu'un arbrisseau assez insignifiant , qui se rencontre dans les bois ou les terres non cultivées. Le *genèvrier de Virginie*, *cèdre rouge* (*juniperus Virgineum*) vient assez mal.

6. IF (*taxus*). Cet arbre se plaît dans les vallées , dans les terres profondes , et pourrait convenir à nos terres ; on le plantait beaucoup dans les jardins français , où il était , comme le buis , précieux par sa facilité à admettre la tonte. En effet , il se multiplie de graines , même de marcottes ou de boutures, et repousse de son pied ; mais dans nos jardins modernes on l'a mal à propos repoussé à cause de sa croissance plus lente que celle de presque tous ses congénères. Ses feuilles sont un poison pour les animaux , pour les chevaux surtout. Son bois est très-dur et incorruptible. Il est d'un beau rouge orangé , reçoit un beau poli , est très-recherché par les tabletiers et les ébénistes.

7. MÉLÈZE (*laryx Europea*). C'est un conifère qui perd ses feuilles en hiver , arbre magnifique qui couronne naturellement les plus hautes montagnes , et veut indispensablement une terre rocheuse ou sablonneuse.

8. PIN (*pinus*). C'est le genre d'arbres verts ou résineux le plus riche en espèces, celui qui est le plus répandu et qui à lui seul résume pour le cultivateur toute cette tribu nombreuse. Les principales espèces que nous pouvons cultiver sont : 1.º le *pin sylvestre* (*pinus sylvestris*) dit aussi *pin de Riga, pin de Russie, pin de Genève, pin commun*, etc. ; et qui est connu sous beaucoup de noms, parce qu'il renferme beaucoup de variétés ; quelquefois très-élevé, quelquefois d'une petite stature. C'est celui qui se contente le plus facilement des divers sols et de différentes expositions, ce qui a produit les divergences que nous indiquons et beaucoup d'autres encore. Son sol naturel est les sables granitiques des hautes montagnes, mais on le voit en grand dans la Champagne, le Maine, l'Anjou, la Bretagne, le Dauphiné et dans presque toutes les terres de France. Dans la situation la plus favorable, il s'élève à cinquante ou soixante pieds : l'exposition du nord et celle du couchant lui sont les plus avantageuses. Lorsqu'il est jeune et trop épais du pied, on le coupe, soit pour brûler dans les lieux où il sert de bois de chauffage, soit pour des usages agricoles auxquels il est très-propre, comme des échalas ; et dès qu'il a de quatre à six pouces de diamètre, on peut en faire des solives. Il commence à porter des fruits germinables vers la douzième

année , et alors il peut se reproduire de lui-même. 2.º On trouve en plusieurs endroits le *pin pignon, pin cultivé, pin de pierre (pinus picca)*, très-bel arbre, très-droit, qui forme naturellement une tête magnifique , qui vient dans tous les terrains et produit des amandes bonnes à manger. Son bois blanchâtre , modérément résineux , s'emploie en charpente et en menuiserie. 3.º Le *pin de Corse , pin laricio (P. laricio)*, vient bien dans nos climats méridionaux ; il croît rapidement , mais moins dans nos terres fortes ; il s'élève très-haut, et on dit qu'en Corse il y en a de cent quarante pieds de hauteur. Son bois ressemble à celui des autres pins. 4.º Mais l'arbre de ce genre que j'ai trouvé le plus vivace dans nos terres est le *pin d'Ecosse (P. rubra)*, que cependant plusieurs auteurs renommés confinent dans les terres sablonneuses. C'est, je pense, une autre variété de pin commun , mais il a le bois plus résineux et plus rougeâtre. C'est celui que dans nos terres je conseillerais de préférer. Enfin, on peut aussi en pins exotiques , mais acclimatés , cultiver , 5.º le *pin Weymouth , pin du lord (pinus strobus)*, qui , contrairement aux autres espèces de ce genre , préfère une terre profonde , forte et humide.

9. SAPIN (*abies*). Encore moins propre à

notre culture , le sapin peut encore moins que le pin être considéré comme une grande ressource agricole. J'ai cultivé avec plus ou moins de succès le *sapin blanc* ou *commun* (*abies taxifolia*) ; le *sapin pesse* ou *épicea* (*A. picea*) ; les *épinettes* ou *sapinettes du Canada* (*A. alba*) , genre qui se rapproche du pin et que nous distinguons en *sapinette blanche* , *noire* et *rouge*.

10. THUYA (*thuya*). Ce sont de petits arbres ou arbrisseaux que j'indique à cause de la facilité de leur reproduction. Ils repoussent du pied. Le *thuya de la Chine* (*thuya orientalis*) est très-commun , très-joli et très-élégant dans sa jeunesse , mais assez peu agréable ensuite. Le *thuya du Canada* , *thuya odorant* , *arbre de vie* (*T. occidentalis*) peut-être moins vulgaire et moins répandu , est très-beau , très-utile , conserve son aspect , et est remarquable par l'odeur balsamique de ses rameaux ; aussi dans les lieux où il est commun , on en fait des balais qui parfument les appartements. Les thuyas se propagent de graines , de marcottes et de boutures.

Seconde Partie.

DE LA CULTURE DES ARBRES.

La culture des arbres consiste dans leur reproduction ; leur élève dans les pépinières ; leur habillage, leur greffe, et leur taille ; enfin dans leur plantation à demeure.

CHAPITRE PREMIER.

De la reproduction des arbres.

On reproduit et on multiplie les arbres par des semis, par des marcottes ou des rejetons, et par des boutures.

SEMIS.

Les *semis* sont toujours le meilleur, et souvent le seul moyen de reproduire les arbres. Cette opération doit au reste se faire de préférence dans une planche du potager : les semis sont dans une meilleure terre, ils sont plus surveillés, arrosés lorsque cela est nécessaire. Les semis que l'on fait soi-même donnent des plants déjà acclimatés au sol : ici on peut les attendre un an de plus, on les enlève avec plus de soin, on conserve mieux leur chevelu, et on rejette avec moins de regret les sujets faibles ou mal disposés. Comme il faut toujours suivre l'indication de la nature, on doit semer les graines dès qu'elles sont mûres; ce qui évite quelquefois, mais le plus souvent engage au contraire, à les mettre en *jauge* ou en *germoir*, c'est-à-dire, les faire *stratifier* ou *couver* dans un trou ou une petite fosse, dans une caisse ou un vase, avec un mélange de terre et de sable; cela est toujours nécessaire d'ailleurs pour les semences entourées d'une enveloppe osseuse, dure ou coriace, comme les conifères, les amandes, les noix, les noyaux, ainsi que les glands, les châtaignes, etc. Mais, dans tous les cas, on ne doit cueillir les graines que lorsqu'elles sont bien mûres. Celles de l'orme, par exemple, le sont en avril ou en mai; la plupart des autres ne le sont qu'en automne.

On sème ordinairement à la volée, et plus ou moins épais : mais il vaut mieux le faire clair et en rayons, les jeunes pousses ont plus d'air, et peuvent plus facilement se sarcler et se nettoyer. On doit très-peu enterrer les semis, car la nature les fait ordinairement sur la terre nue, et ils ne doivent être recouverts que de six à dix lignes, avec un râteau manié avec beaucoup de légèreté.

Le semis une fois fait avec les précautions convenables, ne demande d'autre soin que d'être tenu dégagé de mauvaises herbes, d'être souvent et légèrement sarclé, d'être arrosé quelquefois; et pendant les grandes chaleurs et les grands froids de la première année, d'être couvert de paille pourrie ou de fumier long.

MARCOTTES.

Les *marcottes* sont les repousses latérales des racines qui servent à reproduire les espèces. Il y en a qui proviennent naturellement, que l'on appelle *rejetons*, et que l'on emploie de préférence aux semis, parce qu'elles ne donnent aucun soin, et qu'on les trouve sous la main, telles que celles de cerisiers, vernis du Japon, pruniers, ypréaux, robiniers, etc. Mais quand ces mêmes arbres produisent des semences, l'emploi de ce dernier moyen est bien préférable, et l'augmentation des frais et du temps est bien compensée par la perfection du produit. D'ailleurs les sujets venus de rejetons, conservent cette disposition à *drageonner*, et elle est même souvent plus énergique; ce qui affaiblit toujours l'arbre. Mais il est des essences qui produisent peu de fruits, et dont les boutures ne reprennent qu'avec difficulté; il faut donc alors avoir recours aux marcottes ou rejetons artificiels.

Le *marcottage simple, par butte* ou *en cépée*, le plus aisé et le plus avantageux de tous, se fait en rabattant, après l'hiver, la tige d'un arbre près du collet, et en recouvrant de terre le tronc ainsi mutilé. Les nombreux bourgeons qui se développent par suite de cette opération, s'enracinent presqu'aussitôt à leur base, et peuvent être séparés et plantés, pour la plupart, l'année suivante. Les marcottes ont sur les boutures l'avantage de la force qu'elles reçoivent du tronc plus vigoureux et plus fait dont elles tirent leur origine immédiate. On propage ainsi les mûriers, le cyprès distique et beaucoup d'autres. Comme les boutures de platane, de peupliers de la Virginie et de la Caroline, celles de l'ypréau et plusieurs autres réussissent peu, on peut se procurer ainsi les nouveaux plants.

On ne peut guère employer les marcottages compliqués tels que par *provins*, en *panier*, en *pots* ou en *vases*, parce que le temps et les appareils nous manquent, et que la culture d'arbres que je conseille, et que j'ai adoptée moi-même, doit être aussi simplifiée que possible, et qu'elle est ainsi bien suffisante pour un objet qui n'est qu'accessoire pour une grande exploitation.

BOUTURES.

Les *boutures* sont des parties de branches que l'on met en terre et qui, y prenant racine, remplacent le semis pour certaines espèces d'arbres. On ne doit les faire qu'au printemps, la terre est suffisamment humectée, et la végétation est complètement terminée.

Les *boutures simples* se font avec des rameaux d'un an, d'environ un pied de longueur, et coupés obliquement par le gros bout. Dans les *boutures à talon*, on laisse à la base du rameau une partie de l'empatement qui le joignait à la branche. Dans les *boutures à crossettes*, le talon est remplacé par une partie de vieux bois. En enlevant le talon ou la crossette, on doit user de beaucoup de précautions. On emploie peu les boutures de *ramée* ou de *branches enterrées*, et les boutures de *racines* ou de *tronçons*.

Ce sont principalement les peupliers que l'on multiplie par boutures. Celles de platane, de peupliers de la Virginie et de la Caroline, celle de tremble et d'ypréau réussissent moins bien; aussi ai-je dit que je préférais les mettre en *jauge* ou en *rigoles*, afin de ne placer dans la pépinière que celles qui auront déjà pris.

Les saules se plantent ordinairement de *plançons*, c'est-à-dire, avec des branches de six à huit pieds de longueur, que l'on étête par le sommet, dont on supprime toutes les pousses latérales, et dont on amincit triangulairement la partie qui doit être mise en terre. On enfonce un grand plantoir de fer ou de bois pour faire le trou dans lequel on place la bouture, en l'environnant de terre meuble; mais je me trouve beaucoup mieux d'un trou de huit à neuf pouces en carré, et de dix-huit à vingt pouces de profondeur.

CHAPITRE 2.

Des pépinières.

La *porrette* ou les petits plants sortant des semis, les marcottes et les boutures qui viennent d'être détachées, sont plantées côte à côte pour être cultivées et soignées jusqu'au moment de leur plantation à demeure.

La *pépinière* (ainsi que s'appelle cette plantation provisoire) n'est pour le cultivateur qu'un moyen; ce ne peut être pour lui une industrie. Car ce serait une erreur de penser qu'il y ait une immense économie positive à cultiver et à élever soi-même les arbres dont on peut avoir besoin. Des jardiniers peuvent en faire un objet de spéculation; mais leurs études et leurs soins se portent exclusivement sur cet objet; et les erreurs, dirai-je, les tromperies qu'ils se permettent, sont peut-être la source de la plus grande partie de leurs bénéfices. Ils élèvent les arbres sur un trop bon sol, et trop soigneusement engraissé pour qu'ils puissent prospérer ailleurs; ils les arrachent mal, pourvu qu'ils les arrachent vite; et ils ne répondent pas, sans une augmentation considérable de prix, de leur fourniture et de son transport. Ce n'est pas un avantage instantané que recherchent les propriétaires, c'est un avantage futur, c'est une commodité qu'ils se procurent. Le loyer ou la jouissance des terres employées à cet usage, et qui est d'autant plus considérable, qu'on espace davantage les sujets au grand avantage de ceux-ci, les travaux et entretiens que ces pépinières exigent, toutes dépenses d'autant plus fortes que leur résultat est plus fructueux , le prix du plant ou les travaux du semis, les pertes que l'on éprouve, quelles que puissent être les précautions employées, permettent rarement d'espérer une bien grande disproportion avec la dépense que nécessiterait l'achat des arbres dont on aurait besoin. Mais la reprise plus certaine des sujets , l'acclimatation des élèves à la première phase de leur végétation , l'analogie du sol, les soins plus grands et plus éclairés dans l'arrachage ou le *déplantement* des jeunes arbres (d'après la manière de s'exprimer de M. Calvel), la difficulté du port par une température convenable, un plus grand éloignement, une moindre dépense actuelle, rendent ce moyen vraiment avantageux.

Quand on a les arbres sous la main , on plante mieux et beaucoup plus , et si on peut espérer en dernière analyse qu'on aura les arbres à 30 p. % de rabais seulement , on peut à coup sûr, et sans crainte de se tromper, évaluer à 50 p. % et peut être 60 p. % , la diminution réelle que l'on obtiendra au bout de deux ans sur les frais de la plantation définitive. Il est donc utile , je dis mieux , indispensable pour tout propriétaire qui veut se livrer à cette notable amélioration , d'élever soi-même ses arbres. Sans doute il faut qu'avant tout il connaisse son terrain , qu'il puisse se bien rendre compte des espèces qu'il doit cultiver , et c'est en quoi je voudrais l'aider ; mais il sera mieux approvisionné , il gagnera du temps , sa plantation sera meilleure , mieux venante ; et à coup sûr , plus économique en résultat.

Pourvu que la terre soit de bonne qualité , et que la couche végétale ait au moins deux pieds de profondeur , on peut y faire une pépinière. Il faut que la terre soit de bonne qualité , car il est à désirer de n'avoir jamais besoin de l'engraisser, d'y porter du fumier, et surtout de la chaux , genre d'amendement qui ne vaut rien pour cette culture : il est à désirer que ce terrain soit un peu léger ; mais cette condition , j'en ai une expérience constante , n'est pas indispensable. Dans tous les cas , il est absolument nécessaire de le défoncer à quinze ou vingt pouces , d'après la profondeur du sol. Pour faire ce défoncement , j'enlève à la houe toute la terre meuble et remuée , je fais ensuite une tranchée d'un fer de bêche , je retire à la houe les miettes et la terre meuble que la bêche laisse après elle , et je donne un autre fer de bêche dans les mêmes proportions et de la même manière. Toute la terre tirée de cette tranchée se porte et s'entasse sur le bord. A côté de cette première tranchée, j'en fais immédiatement une seconde semblable qui me sert à combler la première et successivement, de sorte que la terre que l'on en tire comble la première et sens dessus dessous. La dernière tranchée me sert de fossé divisoire. Le tout doit se faire, dans nos terres argileuses, avant les grands froids, car pour elles la gelée est le meilleur cultivateur. A la fin de février ou au commencement de mars, j'égalise la terre au râteau, et avec des brindilles ou des piquets quelconques, je marque de chaque côté et à angle droit les extrémités des rangs à planter, de distance entre eux de deux pieds en deux pieds. J'ai un cordeau, marqué aussi de deux pieds en deux pieds, et je le tends d'une marque à l'autre en le prolongeant à chaque station pour planter aussi la partie qui peut se trouver hors de l'équerre. Je mets ainsi le plant en quinconce, et je fais les petites tranchées au moyen d'une *bêche houlette* dont la cuiller a trois ou quatre pouces de largeur, ou d'un *hoyau* ou *pioche* que nous appelons ici *rabassière*. Il ne faut enfoncer le plant que dans une proportion qui, après le plombement, ne le laisse guères qu'à la profondeur qu'il avait dans le semis. Lorsque je mets des arbres verts dans la pépinière, comme ils y demeurent ordinairement plus longtemps et qu'ils ont besoin de plus de distance , j'intercale entre eux des arbres de croissance plus rapide , tels que les peupliers.

Quand la pépinière est plantée , je rabats rez terre tous les plants sans distinction , excepté les arbres verts , et pendant l'été on donne deux ou trois sarclages. Je me trouve ordinairement bien , dès l'hiver suivant , de receper tous les plants rez terre comme la première fois , et s'il y a eu des manquants , je regarnis les places vides avec des boutures de peuplier et des rejetons d'ypréau : on sarcle au moins deux fois la plantation dans le second été. A la troisième année , c'est-à-dire la seconde de la pousse définitive , on greffe les pruniers , cerisiers , pommiers , poiriers , qui n'ont pu l'être l'année du recepage , et ceux qui sont encore trop faibles sont remis à l'année suivante. Les troisième et quatrième années , la pépinière est encore travaillée deux fois. Dans les mois de juillet et d'août , lors de l'ébourgeonnement , on fait tomber les pousses qui empêcheraient l'arbre de monter , et quand ces bourgeons sont forts , on les taille à deux yeux ou en *crochet* que l'on coupe rez tronc à la taille de l'hiver suivant , et on a soin de dégager la greffe de son lien quand elle a pris , et de couper le sujet au-dessus. Dès que la greffe a poussé , on assujettit le jet avec de petits tuteurs que l'on augmente de force chaque année. On peut commencer à enlever successivement les plus beaux arbres , et à la quatrième année les arbres verts ; et toute la pépinière , la cinquième année , peut être entièrement vidée ; mais chaque année , je le répète , travaillée deux fois. Je ne reviens jamais à la même culture , car la terre est considérablement effritée , et je ne veux pas , comme je l'ai dit , l'amender; mais elle est très-meuble et propre à toutes les autres productions. Souvent et l'année de la plantation je sème entre les lignes des légumes , surtout des haricots , qui me remboursent une partie des dépenses. Je cherche d'ailleurs à placer la pépinière à portée d'une surveillance facile , et autant que je le puis à la mettre à l'abri des vents violents qui causent souvent des dommages et brûlent la végétation , mais en conservant des courants d'air qui lui sont indispensables. Je cherche à la placer dans un terrain frais sans être humide , car je n'ai jamais pensé à des arrosements , toujours coûteux et très-souvent même nuisibles.

S'il arrive que l'on ait du plant superflu lorsque la pépinière est plantée , lorsque l'on a du plant trop faible , des boutures ou des rejetons dont la reprise paraît douteuse ; on peut les planter provisoirement et à l'écart , ordinairement dans le potager en *rigole* ou en *jauge* à trois ou quatre pouces de distance : de là, et l'année suivante, on les *repique* en pépinière de la manière que j'ai indiquée.

CHAPITRE 3.

De l'habillage, de la greffe et de la taille.

Le plant doit être arraché avec soin ; on arrose la terre, afin qu'elle ne présente pas de résistance, et on enlève une à une les jeunes tiges ; ensuite on les *habille*, c'est-à-dire qu'on rafraîchit leurs racines et leur chevelu, on les raccourcit, s'il y a un pivot on le retranche par un coup net de serpette ; on rogne au vif de la même manière les fortes racines qui l'accompagnent et qui peuvent plus tard le remplacer. Il est entendu que les arbres verts, qui doivent à tout âge se planter en motte pour que les racines ne s'éventent pas, ne doivent être ni habillés ni taillés. Le maître jardinier doit seul faire l'habillage ; il faut de la dextérité, de la hardiesse, de la prudence, pour que l'opération soit régulière. On doit la faire sur très-peu de plant à la fois : il va sans dire que pour les arbres faits et qu'on plante à demeure, elle doit être faite isolément et individuellement. En général, il y a peu d'inconvénient à raccourcir les racines des arbres blancs ou de ceux qu prennent facilement, mais il faut au contraire ménager beaucoup les arbres à pivot ou ceux dont la reprise est difficile.

J'ai dit que dès la seconde pousse des arbres en pépinière, on les *taille*, c'est-à-dire que l'on songe à leur faire former leur tige. On coupe rez tronc ou rez terre, toutes les branches latérales ou déversées qui ont de la vigueur et qui pourraient disputer la prééminence à la branche verticale du centre dont on veut faire la tige. Quant aux autres bourgeons latéraux, on les taille en crochet ou à quelques yeux de la tige ; ceci peut aussi avoir lieu au printemps ou à la grande taille vers le mois d'avril ; et ce n'est jamais qu'une première opération, car dans ce cas, lors de la suspension de la sève vers le mois d'août, on enlève ces chicots bien près du tronc, afin qu'ils n'épuisent plus le sujet et qu'ils laissent la tige maîtresse attirer à elle toute la substance que peuvent fournir les racines.

C'est aussi à cette dernière époque ou lors de l'ébourgeonnement que l'on greffe les arbres fruitiers et quelques arbres forestiers dont on veut multiplier des variétés, tels que l'orme à grande feuille sur l'orme commun ; cependant on doit observer que cette amélioration n'a lieu qu'au préjudice de la qualité du bois, et qu'à moins de nécessité on doit y renoncer. La taille se fait au pied du sujet et exclusivement en *écusson à œil dormant*. Lorsque la greffe a pris, ce qui se reconnaît au printemps suivant, on ampute le sujet au-dessus de la greffe, et, comme je l'ai dit, on soutient celle-ci par des tuteurs ou des appuis ; cette greffe devenue arbre est traitée comme s'il était un plant naturel et taillée en crochet comme les autres. Il faut, pendant que la greffe tient au sujet, visiter souvent celui-ci pour faire tomber les pousses qui pourraient s'opposer à sa reprise ou à son développement.

Quant aux arbres fruitiers, on les taille suivant la destination à laquelle on les réserve. Ainsi on coupe la tête et on réserve deux branches latérales pour des *espaliers*, des *contre-espaliers* et des *éventails* ; on en laisse subsister plusieurs au même niveau pour former des *buissons*, des *calices* ou des *gobelets* ; enfin, pour les *pyramides* et les *quenouilles*, on conserve les branches latérales tout le long de la tige et on respecte la tête. Voilà le travail de la taille dans les pépinières. Lorsqu'on plante à demeure, on prépare les arbres selon l'art, on les étête (chose que je fais rarement) à la hauteur que leur position, leur état individuel ou leur service peuvent requérir. On doit avoir, autant qu'il est possible, le soin de tailler plus long les arbres vigoureux, et plus court ceux qui paraissent faibles, en ayant constamment l'attention de modifier, de rendre sévère ou indulgente, et toujours d'après les règles de l'art, la méthode que l'on emploie, selon l'espèce, la constitution, l'aspect ou la destination du sujet. Il n'est pas de mon sujet de parler de la taille des arbres faits ; le Manuel de M. Goutelongue donne toutes les instructions pratiques que l'on peut désirer. Je n'oublie pas que je ne m'occupe que des pépinières.

CHAPITRE 4.

Des plantations à demeure.

La première chose qui doit occuper celui qui veut faire une plantation, est la distance et les dimensions des *trous* ou tranchées qui doivent recevoir les arbres. En général la distance est commandée par la nature du sol, l'essence que l'on doit employer, et le genre de la plantation. Les arbres les plus grands, les plus vigoureux, les plus durables, doivent être plus espacés ; les plantations isolées ou en ligne, le seront plus que les bois ou bosquets.

Pour les derniers, il faut conserver au moins une distance de six à huit pieds entre les arbres de première et de seconde grandeur : pour les lignes, les arbres qui étendent leur tête doivent être plus éloignés que ceux qui sont pyrami-

daux. Mais l'expérience m'a prouvé qu'il y avait
des termes moyens à prendre. Ainsi, sauf des
cas exceptionnels, je place les ormes, les frênes,
les merisiers, à dix-huit ou vingt pieds de distance ; les peupliers à douze ou quinze.

La largeur des fosses ou tranchées ne peut jamais être trop grande. Dans les berges et lisières
des champs, sur le bord des ruisseaux, je donne
à mes trous quatre pieds en carré, quelquefois,
et dans quelques circonstances, six pieds. Pour
la profondeur, comme le sol dans lequel je travaille en a beaucoup, je donne ordinairement
trois fers de bêche ou trois *pointes*, comme nous
nous exprimons, c'est-à-dire, à peu près trente
pouces. Je ne puis approuver les longues tranchées qui réunissent ensemble tous les trous de
la même ligne, et que plusieurs auteurs conseil-
lent : il est certain que, dans le commencement,
les arbres peuvent venir mieux ; mais dès que
les racines se joignent, ils s'affament récipro-
quement, et les plus faibles ne tardent pas à
périr, ou du moins souffrent considérablement,
car ils ne tirent que bien plus tard et plus in-
complètement leur nourriture du fonds latéral.
C'est au commencement de l'hiver, ou mieux à
la fin de l'automne que je creuse ces trous ou
tranchées ; il est essentiel que les gelées les trou-
vent ouverts ; la terre s'ameublit, devient friable,
et conserve davantage la fraîcheur, qui lui est si

nécessaire. Ce n'est guère qu'à la fin de l'hiver, aux mois de février ou de mars, quelquefois en avril, que je plante mes arbres ; notre sol argileux et tenace a besoin d'être attendu, et les plantations tardives nous réussissent mieux. Quant à l'usage de creuser ces fosses un an d'avance, c'est incontestablement préférable, mais ces trous se comblent, et cette méthode ne peut être considérée que comme une chose exceptionnelle.

Je choisis mes arbres avec soin : je les fais habiller avec précaution ; du moment qu'ils le sont, je les enterre jusqu'au moment de les planter ; la chose se fait plus posément, les racines ne se hâlent point. L'élagage des arbres se fait mieux aussi quand on n'est pas pressé, et qu'on s'occupe exclusivement de ce travail. Tout le monde connaît le matériel de la plantation. On peut le résumer en peu de mots : enlever les arbres avec soin de la pépinière, conserver autant que possible les racines, les habiller avec soin, ne pas se presser, bien fouiller la terre, et lorsque, ce qui est souvent impossible à éviter, les racines sont cassées ou déchirées, il faut les rafraîchir en les coupant bien net et prévenant ainsi les chicots et le chanci, qui ne manqueraient pas de les gâter. On doit combler les trous de bonne terre bien meuble, tenir les arbres bien perpendiculaires, les secouer et les soulever doucement et avec précaution, pour introduire la terre dans les interstices des racines, les comprimer peu en les plombant. Comme mes arbres sont plantés médiocrement forts, j'ai rarement besoin de leur donner des tuteurs, chose très-bonne en soi, et qui consiste dans l'adjonction d'un piquet de grosseur analogue à celle du plant, avec lequel il est attaché par un ou plusieurs liens d'osier, qu'une poignée de paille interposée entre eux privera de toute meurtrissure et de l'impression de la ligature. Mais ce moyen est impraticable dans les plantations considérables, à cause des frais et surtout du soin du renouvellement et de la surveillance qu'il exige. Seulement, et dans des localités particulières, je joins au tuteur une armure d'épine. Pendant les trois premières années je travaille le pied des arbres, lorsque, ce qui est rare dans les plantations de bordure, le travail de la terre environnante ne leur suffit pas ; je ne place les arbres blancs et d'un tissu poreux, tels que peupliers de toute nature, platanes, tilleuls, saules, que dans les vallons, les terres basses. Mon terrain peut partout admettre les autres espèces ; mais l'expérience m'a prouvé, je le répète, que sur les trois qui forment la base de mes plantations, l'orme et les érables doivent se placer dans les parties un peu moins fortes et dans les pentes inclinées vers le midi et le levant, tandis que les frênes

réussissent mieux dans celles inclinées vers le
nord et le couchant, et réussissent très-bien dans
les plaines hautes, pourvu que la terre y soit
assez bonne.

Lorsque au lieu d'arbres isolés ou en ligne et
en bordures, on veut planter un bosquet ou une
masse de bois, la méthode est différente, et je ne
puis mieux faire que de décrire celle que je suis
et que l'habitude m'a porté à adopter et à per-
fectionner, car je ne connais aucune règle bien
uniforme à suivre. Pour un bois rustique, il ne
faut guère employer que des arbres de première
et de seconde grandeur, en les mêlant ensemble,
en les confiant au sol qui leur convient , en pré-
férant les essences vraiment utiles. Ainsi , dans
nos terres fortes , et dans les parties élevées ,
et où le calcaire a plus ou moins de prépondé-
rance, je me trouve bien de multiplier les érables, l'orme , le merisier ; pour peu que la terre
soit plus susceptible d'humidité , le frêne ; pour
les terrains frais et profonds, bas et humides, le
peuplier blanc ou ypréau , le peuplier suisse ,
celui de la Caroline, le platane, le tilleul. Le robinier me paraît trop hérissé pour être jamais
d'une grande utilité. Pour des bosquets ou des
massifs situés près de l'habitation, en conservant
un système analogue, je cherche à apprécier la
différence de nuance, de port, d'aspect, afin d'en
faire un mélange suave et gracieux. J'emploie

peu d'arbres exotiques, malgré leurs avantages
réels ; car, dans tout ce que fait un cultivateur,
l'utilité doit toujours être la condition essentielle,
et la force de la végétation est pour la vue et l'u-
sage des bosquets et des plantations d'agrément,
le plus précieux avantage. Seulement, le centre
des massifs doit être, en général, composé des
plus grands arbres, et ceux de troisième grandeur, les arbrisseaux et les arbustes, doivent
successivement en former la lisière. Le noyer
peut quelquefois s'y trouver ; le micocoulier, le
robinier, le févier, le cerisier à fleur double y
viennent très-bien ; les cytises, les gaîniers et
surtout les mahaleb sont d'excellents matériaux.

On doit défoncer à deux fers de bêche ou avec
la charrue de fer à quinze ou seize pouces : la
première méthode est la meilleure. Quelquefois,
au lieu du défoncement, après un labour profond, on creuse des trous de quatre pieds de côté
et de vingt pouces de profondeur, et on plante les
arbres ainsi que je l'ai indiqué. Pendant la seconde, la troisième et la quatrième année, on
donne deux labours, un au printemps, à la bêche,
l'autre à la houe pendant l'automne ; et, vers la
cinquième ou la sixième, il est bon de rabattre
au pied toute la plantation, de travailler bien
le sol ; un an après on élague, on éclaircit, et on
ne laisse qu'un ou deux brins sur chaque souche ;

on égalise le sol, on y sème de l'herbe; enfin, on laisse le tout à la nature : cette méthode m'a ordinairement réussi. Lorsque au lieu d'arbres faits on emploie du plant, cette marche est encore plus avantageuse, et ne cause pas les regrets qu'on éprouve en rabaissant une plantation dont on a déjà eu quelque jouissance. Je n'ai pas besoin de dire que les arbres verts, s'il y en a, sont exempts d'une pareille opération.

Je ne crois pas que l'on doive facilement désespérer de la reprise des arbres, lorsqu'ils ne prennent pas immédiatement après la plantation; attendez à la reprise de la sève. Le refus de la pousse à la seconde année, ne doit pas non plus trop effrayer : tant que l'écorce est fraîche, et que le dessous en est encore vert, il ne faut pas se décourager, mais attendre. J'ai vu dans nos terres des arbres *bouder* longtemps, et ne jeter des feuilles et des rameaux qu'à la troisième année. On observera que, dans un cas semblable, et quand l'enveloppe corticale est bien saine, la végétation retardée se dédommage, par sa vigueur, du temps qu'elle a mis à se manifester

CHAPITRE 5.

Des inconvénients des plantations.

Toute chose a ici-bas ses inconvénients : la meilleure terre, la meilleure culture, le plus beau temps ont les leurs. La variété des travaux et des produits de l'agriculture, les emprunts nécessaires qu'elle fait aux arts et surtout aux productions spontanées du sol, la soumettent à tous les dommages que ces causes peuvent produire, et le plus souvent nous n'avons que le choix des inconvénients. Ainsi les avantages des plantations ont aussi leurs mauvais côtés, il ne faut pas se les dissimuler : et leurs produits sont achetés par quelques pertes. Les plus grandes proviennent de l'absorption des sucs nourriciers du sol, et des brouillards que les arbres peuvent arrêter sur les bas fonds. Il est vrai que l'un et l'autre de ces dommages n'ont lieu que lorsque les végétaux ligneux sont déjà un peu forts, et il est ordinairement possible de les faire cesser à temps. La présence des arbres dans les bas fonds resserrés n'est remarquable que vers la dixième année, et lorsqu'ils ont déjà pris un certain développement, et soit par des élagages plus ou moins rapprochés, soit par la coupe définitive dès qu'ils peuvent être employés, on

se débarrasse de cette exubérance de richesses
et de la *felix culpa* que l'on a commise. Ailleurs
et sur les bords des champs , il est certain que
les arbres nuisent aux récoltes ; aussi la plupart
des propriétaires de la plaine du canal ont-ils
soin , à leur grand désappointement et à la dis-
gracieuse nudité du pays, de n'avoir aucun arbre
dans leurs propriétés : mais leurs paysans n'ont
pas de chauffage , les pailles , les tiges de maïs
leur en tiennent lieu ; tout bois dont ils ont
besoin leur coûte des déboursés continuels , et
je ne sais si en définitive le domaine ne perd
plus qu'il ne gagne. Au reste , comme je viens
de le dire , ce dommage ne commence que
tard , et nous devons rechercher si la perte
annuelle que nous éprouvons n'est pas compensée par le surcroît de valeur des arbres ; c'est
ici une espèce de tontine où l'on puise à la fois
et avec intérêt une somme dont chaque année
on a placé une partie. Les arbres dont les racines sont superficielles sont les plus meurtriers ,
mais les plus tôt venus ; ceux dont l'ombre est la
plus épaisse nuisent aussi davantage. Les dommages les plus considérables sont ceux produits
par les ormes , les frênes et toutes les espèces
de peupliers. Ce dégât est surtout sensible sur
les légumes , les maïs et les autres cultures
printanières ; les blés et toutes les cultures
d'hiver n'en éprouvent pas de dommages bien

apparents ; et dans ma longue vie agricole ,
quoique j'aie toujours au moins plus de douze
mille pieds d'arbres de tout âge sur une propriété qui n'est pas très-considérable , j'ai trouvé
que la perfection de la culture accroissait toujours la production , et que l'effet des arbres
n'était jamais dans le cas d'être mis en compte.
Il y a cependant à faire une exception sur les
mûriers et les arbres fruitiers : si médiocre
qu'en soit le produit , la récolte des feuilles ou
le vol des fruits sont la cause de beaucoup de
dommages sur les plantes qui les entourent.
Aussi je pense que pour obvier à ce mal réel ,
quoique indirect , que fait l'arbre , il ne faut
point autour des terres labourées placer des
arbres , tels que cerisiers , pommiers , poiriers ,
noyers , etc. , leur place est auprès de l'habitation , sur l'aire ou les avenues des métairies ,
et les plantations de mûriers placés en quinconce doivent couvrir un pâturage et même
une prairie , car la récolte du foin peut être
toujours faite avant celle de la feuille. Les haies
qui sont bien aussi nuisibles , sont cependant
bien précieuses.

Je ne puis mettre en ligne de compte les mutilations , les destructions , que des voisins
jaloux ou malfaisants , les détestables faiseurs
de sentiers , nous causent habituellement , non
plus que les dommages que nos paysans cau-

sent aux arbres , en laissant les animaux s'y frotter, en ne prenant aucune précaution pour que les cornes des bœufs attelés ou le soc de la charrue ne nuisent pas aux plantations. C'est aux tribunaux à appliquer la loi , c'est au propriétaire à y veiller. Ces inconvénients sont inhérens à l'humeur destructive et insouciante de notre population ; qu'il nous est quelquefois possible de réprimer, mais que nous ne pouvons changer du moins instantanément.

Troisième Partie.

DES BOIS NATURELS, OU SYLVICULTURE.

On donne communément le nom de *vieilles écorces* aux arbres plus que centenaires ; les *futaies* sont des bois de cent ans d'âge ; les *demi-futaies* ont de cinquante à soixante ans ; les *jeunes futaies* de quarante à cinquante. Les *grands taillis* s'exploitent de vingt-cinq à trente ans ; les *taillis moyens* de quinze à vingt-cinq, et les *jeunes taillis* de sept à dix. Dans toutes les coupes de taillis , on est dans l'usage de *réserver* quelques arbres des plus beaux de l'essence la plus précieuse , d'une florissante vigueur , venus de graine ou sur des souches vigoureuses. Leur nombre a été réglé à seize par arpent des eaux et forêts, ou trente par hectare ; et quelle que puisse être l'autorité de ceux des écrivains forestiers qui ont blâmé l'usage des *baliveaux*, ce qu'on appelle *futaies sur taillis*, la persistance de la législation et son accord avec les habitudes généralement respectées, sont des arguments bien puissants en leur faveur.

Dans les bois soumis à la dépaissance, on ne trouve guère d'arbres de *brin*, ou venus spontanément de graine ; ainsi on ne peut pas dire alors que les baliveaux servent au repeuplement. Je n'ai pas observé que ces baliveaux aient été la cause de gelées plus meurtrières ; au contraire ils amortissent les dommages causés par les vents, qu'ils divisent et qu'ils dévient. Ils fournissent du bois de plus fort échantillon et plus propre aux usages industriels ; ils nuisent peu aux taillis par leur influence et l'ombre qu'ils projettent lorsqu'ils ne sont ni trop vieux ni en trop grand nombre ; quand ils ont été bien choisis, ils fournissent d'excellent bois, viennent à merveille, et entretiennent des souches excellentes. Mais il est nécessaire de ne conserver des baliveaux que dans un nombre et un âge en rapport avec le fonds sur lequel croît le bois ; et lorsque, ce qui est ordinaire, ce bois est dans un sol médiocre ou mauvais, il

ne faut pas s'étonner du peu de force des baliveaux.

Dans les sols de qualité moyenne et dans nos
terres si peu favorables en général à la croissance
des végétaux ligneux, on doit au moins conserver les seize baliveaux consacrés par l'usage
ou la loi. A la seconde coupe, on remplace une
partie de ceux-ci, en en conservant autant que
possible quelques-uns d'un âge supérieur, et ainsi
de suite. Il est à croire que chaque arpent ne
peut ici supporter qu'environ vingt baliveaux
dont trois de trois âges ou de soixante ans, si
le taillis est coupé à vingt ans, sept de deux
âges ou de quarante ans, et dix de l'année.
Si la coupe a lieu à quinze ans d'âge, ce sera
un de quatre âges ou de soixante ans, deux
de trois âges ou de quarante-cinq ans, sept de
deux âges ou de trente ans, et dix de la coupe.
Enfin, si le taillis se coupe à dix ans ; un de
quatre âges ou de quarante ans, deux de trois
âges ou de trente ans, cinq de deux âges ou de
vingt ans, et douze de la coupe ou de dix ans.
Au reste, je ne donne ces limites que par
approximation, et chaque propriétaire doit se
déterminer d'après la connaissance qu'il a du
sol, et les exemples que peut lui fournir l'aspect
du voisinage.

On trouvera dans mon *Architecture rurale*,
page 108, une table pour le débit des bois en

grume ou dans leur état naturel, qui permettra à chacun de calculer les bois qu'il lui sera utile de réserver, et d'apprécier la force des pièces qu'il en pourra retirer.

CHAPITRE PREMIER.

De l'aménagement.

Aménager un bois, c'est régler l'ordre dans lequel on l'exploitera. Cet aménagement doit avoir pour base la qualité des essences qui le composent, la nature du sol, la force végétative de ce dernier, afin d'en obtenir le plus de revenu moyen. Ainsi, en tenant compte de toutes les circonstances, et du plus ou moins de temps que le bois met à prendre sa croissance, c'est vers l'époque à laquelle il cesse de s'élever et de grossir que l'on doit l'exploiter. On sent qu'il n'est ici question que du bois de chauffage ; et dans des sols comme les nôtres, nous pensons que dix ans sont un terme convenable pour les sols médiocres, et vingt pour les meilleurs. Ainsi, si en terme moyen on exploite à quinze ans et qu'on livre les bois au parcours à quatre ou cinq ans, ce qui est bien l'époque la moins reculée que l'on puisse admettre, on aura dans cet espace de temps, 1.º l'éclaircissement du bois ; 2.º le pâturage pendant dix ans ; 3.º la coupe, tant de la masse du bois que celle d'une partie des baliveaux. Si le sol est maigre et le bois mal souché, il vaut mieux peut-être ne pas nettoyer, mais couper le bois à blanc, c'est-à-dire en totalité, vers la neuvième ou la dixième année.

Voici à peu près la plus value par année des bois de chêne, selon la nature du sol dans nos terres du Lauragais ; mais on sent bien que cette évaluation ne peut être qu'hypothétique et approximative.

ANNÉE.	FONDS SEC ET LÉGER.	FONDS MOYEN.	FONDS RICHE ET FRAIS.
1	1	1	1
2	4	4	4
3	8	9	10
4	13	14	17
5	18	20	25
6	24	27	36
7	30	35	48
8	36	43	60
9	43	60	83
10	50	69	100
11	»	80	120
12	»	92	142
13	»	103	168
14	»	115	190
15	»	125	225
16	»	»	256
17	»	»	285
18	»	»	320
19	»	»	355
20	»	»	390

CHAPITRE 2.

De la conservation des bois naturels.

Tout propriétaire de bois naturels doit les faire garder avec soin. Les maraudeurs et les voleurs de combustibles doivent, autant que possible, être détournés; toute infraction à la police forestière doit, s'il se peut, être réprimée; malgré l'étrange débonnaireté des tribunaux, qui, depuis la révolution de juillet, se montrent aussi indulgents pour les délits ruraux et la police sociale, qu'ils sont sévères pour tout ce qui, de près ou de loin, tient à la police politique. Le propriétaire respecté peut seul se montrer indulgent, et, en toute action judiciaire, il doit se porter partie civile, et accorder à son garde des gratifications prises sur les dédommagements qui lui seront alloués. Espérons que le rétablissement de l'ordre social, ébranlé depuis dix ans, mettra fin aux plaintes du propriétaire, aujourd'hui si justes et si dédaignées du pouvoir. Nos bois, presqu'entièrement peuplés de chêne, ne demandent qu'à être respectés pour donner un revenu qui empêche leurs défrichements illicites.

En effet, ces défrichements, souvent mal calculés, affligent notre Lauragais, déboisent le pays, augmentent les intempéries, et nous privent d'une ressource inestimable pour la dépais-

sance de nos bestiaux : cette dépaissance elle-
même, quand elle n'est pas raisonnée, détruit
nos bois ou les dégrade, annule leur rapport, et
finit par les rendre à charge aux propriétaires.
On ne doit éclaircir les bois, les mettre en taillis,
ou, comme nous disons, en *bois levé*, que vers
la quatrième ou la cinquième année du recru ;
à cette époque on peut y laisser aller les bêtes à
laine, et les bêtes à cornes un ou deux ans après.
L'époque de l'éclaircissement, celle de l'ouverture du pâturage, dépendent de l'état de la végétation ; et ces règles générales ne sont rigoureusement applicables que pour ceux de nos bois
situés sur un sol médiocre et en essence de chêne :
aussi n'a-t-on pas ordinairement besoin d'as-
sainir le terrain, d'évacuer les eaux superflues.
Mais si on avait un bois dans un terrain aquatique, ces saignées seraient peut-être encore plus
nécessaires que dans les terres arables. Au moyen
de ces soins, plus attentifs que coûteux, et sur
lesquels on ne doit ni trop s'étendre, ni rien né-
gliger, on conservera ses bois en bon état : on
pourra, sans de graves inconvénients, les faire
dépaître, et ce sera pour les éleveurs de bestiaux
un avantage inestimable, et un immense complément pour leurs granges.

Il est incontestable que, physiologiquement
parlant, la dépaissance, dans quelque temps
que ce soit, est préjudiciable aux bois ; mais si

le propriétaire est aussi possesseur de bestiaux, ce dommage, avec les restrictions convenables, est plus que compensé par les profits. Mais les coupes furtives, les mutilations, l'enlèvement des jeunes pousses pour en faire des harts ou *lies*, sont des délits que tout propriétaire doit chercher à punir, et surtout à prévenir par une surveillance exacte.

Si le bois que l'on exploite est faible, mal venant ou dégradé (je ne parle pas ici des clairières), une bonne réparation à lui faire, et qui en augmente bien réellement la végétation et la valeur, est de lui donner un bon labour à la bêche pendant l'hiver; on peut même, au printemps, y faire une récolte qui payera une partie de ces frais, que l'on ne peut évaluer plus bas qu'à 40 fr. par arpent. Cette récolte peut être en avoine, en pois; mais surtout, et je le préfère, parce qu'on a plus de chance de réussite, en ers, excellente provende pour les bestiaux, qui n'est pas volée pour nourrir les cochons à cheptel, et dont la récolte, se faisant à la main, ne peut nuire aux rejets. Ce labour détruit, au moins pour quelque temps, les ronces, les rejetons, les fougères et les autres plantes vivaces, et les arbustes qui nuisent toujours un peu au recru; il rend la terre perméable aux pluies et aux autres effets de l'atmosphère, et il est rare que la végétation ne s'en trouve plus vigoureuse et plus importante. Si on rencontre quelques brins venant de semis, ils seront scrupuleusement ménagés, et leur reproduction, comme celle des *souches* ou *trochées*, sera infiniment plus assurée et plus vigoureuse.

CHAPITRE 3.

Du repeuplement des bois.

Le repeuplement des clairières ou des parties de bois dont les souches sont perdues, est le travail le plus considérable et le plus essentiel que les bois naturels puissent exiger. Après avoir considéré l'essence perdue, celle qui subsiste encore, et la qualité du sol, on doit se décider pour l'espèce qui convient le mieux à la localité, celle qui a le plus d'analogie avec celle qu'elle doit remplacer, qui est la plus propre à la marchandise qu'on veut obtenir, avec la facilité de créer des souches ou trochées vigoureuses et d'une bonne reproduction. Ainsi que nous l'avons dit dans le Journal des propriétaires ruraux, t. 31, page 109, et pour nos bois presque exclusivement peuplés de chênes, les remplacements peuvent utilement se faire avec des ormes, des châtaigniers, des érables, des micocouliers dans les terrains un peu secs, avec des frênes principalement dans les autres. Le gaînier, le mahaleb et l'ypréau peuvent venir partout, repoussent

très-bien, et donnent un revenu avantageux,
puisque la loi générale des assolements prescrit
de ne pas remettre la même essence qui s'est
déjà perdue.

Quand on est bien fixé sur la nature d'arbres
à planter, on peut faire cette plantation de deux
manières, en plant de deux ans, comme les pépinières, et en arbres faits. Dans le premier cas,
on défonce, à deux fers de bêche, tout le terrain
de la clairière, et on y traite le plant comme je
l'ai indiqué plus haut ; on le travaille avec attention. Il faut choisir l'année de la coupe,
afin que l'ombrage ne nuise point au jeune plant ;
il faut en exclure les bestiaux ; ce qui n'est pas
ordinairement aisé à obtenir. Lorsqu'on emploie des arbres faits, au lieu du défoncement
général, ce qui serait encore le mieux, sans contredit, on fait de grands trous de quatre pieds
en carré, et à environ six à huit de distance,
que l'on travaille en temps opportun. Au bout
de quatre ou cinq ans, on coupe de nouveau tout
le bois, ou simplement la clairière ; on travaille
la plantation avec soin, et on l'abandonne à la
nature. Les bois ou bosquets que l'on veut créer,
se font, ainsi que je l'ai dit, d'une manière analogue ; mais on est moins gêné dans le choix des
sujets, et moins exposé à des fraudes et des dommages produits par la dépaissance.

Je ne parlerai pas des semis ; nos bois sont, en

général, trop peu considérables pour nécessiter et même admettre ce genre de repeuplement. Mais si on voulait créer un bois de cette manière, la terre devrait être préparée par de profonds labours multipliés, pour bien la remuer, à douze pouces de profondeur : on y mettrait ensuite les glands, les faînes et les graines choisies; on recouvrirait ces semences d'avoine, et après la récolte, comme les deux années suivantes, on sarclerait le plant avec précaution pour le receper la troisième année qu'on le travaillerait encore, avant de l'abandonner à la nature. Mais j'ai l'expérience que la méthode des semis, quelque préférable qu'elle paraisse en théorie, pour les essences pivotantes, est très-inférieure pour le succès à la méthode de la plantation.

CHAPITRE 4.

De l'exploitation des bois.

L'exploitation est la récolte du bois, le résultat en argent des soins qu'on s'est donné pendant longtemps, l'intérêt du capital que l'on a attendu des années entières. En parlant des aménagements, j'ai indiqué les termes approximatifs que l'on peut établir pour le temps de la coupe, afin de ne couper le bois que lorsqu'il a pris toute sa croissance. J'engage de nouveau le lecteur à bien réfléchir à ce sujet : c'est lors de l'exploitation qu'il sera récompensé de sa judicieuse décision.

J'ajouterai que, pour distribuer ses bois, pour en avoir une coupe annuelle, ce n'est pas la surface, mais le produit présumé que l'on doit prendre pour base, de manière à avoir, chaque année, environ la même quantité de matière à consommer ou à vendre. Il est cependant des cantons très-cultivés, où les bois sont distribués par bouquets ou petites masses : dans ce cas, il faut faire en sorte d'exploiter la même année chacun de ces bouquets, pour éviter les échappées des bestiaux de la partie qui leur serait ouverte, à la partie qui serait en défends, et le dommage que porte toujours le bois levé à la partie du recru qui l'avoisine.

Mais lorsqu'un bois considérable est destiné à la consommation du propriétaire, dans sa division en différentes coupes, il est à désirer, si la forme du périmètre ne s'y oppose pas, que les différentes coupes aboutissent aux deux extrémités opposées du bois, et que leur direction soit de l'est à l'ouest, ou du nord-ouest au sud-ouest. Il est vrai que cette disposition expose le recru dans la première année, ou à l'action desséchante du vent d'est, ou au froid qu'occasionne le vent opposé. Mais cet inconvénient, dont il ne faut ni méconnaître ni s'exagérer l'importance, est bien compensé par le grand courant d'air dont jouit la coupe, et qui lui est indispensable pour prospérer. De plus, les taillis élevés des autres coupes qui bordent la nouvelle au nord et au sud, arrêtent l'effet des fortes gelées et de la grande chaleur. Cet avantage, inestimable aux yeux d'un économe pratique, joint à la facilité que cet arrangement procure pour l'exploitation, et à la possibilité que l'on se ménage d'établir toujours la pile au même endroit et d'avoir des sorties et des évacuations faciles, me font penser que cette méthode est la meilleure.

Mais, comme je l'ai dit, la bonne manutention des bois exige que, quelques années après la coupe, on aide les jeunes arbres à se dégager de la végétation parasite ou trop luxueuse qui entrave son accroissement ; ce qui se fait mieux, plus régulièrement et plus fructueusement par les mains de l'homme que par les soins de la nature seule ; c'est ce qu'on appelle *élagage, éclaircissement, expurgade,* ou *mise en bois levé.*

Cet éclaircissement dans les bois des particuliers consiste donc à nettoyer les recrus, à enlever des souches les rejets faibles et rampants, à nettoyer les tiges principales ; en un mot, à disposer le bois pour fournir du rondin.

J'ai remarqué que, dans les coteaux exposés au vent du sud-est (autan), on devait retarder l'éclaircissement, la violence et l'action desséchante de ce vent nuisant beaucoup aux tiges

faibles. Au contraire, dans les lieux plats, il doit
être avancé, parce que les taillis y ont surtout
besoin d'air. Cependant, comme la dépaissance
leur est toujours funeste, et que néanmoins on
ne peut, et qu'il n'est pas même avantageux de
les y soustraire après l'éclaircissement, je per-
siste, comme je l'ai dit, à donner les termes de
quatre à cinq ans pour le moment de cette opération. Celle-ci n'est pas difficile, mais elle demande indispensablement l'œil du maître et toute
la vigilance de ses employés de confiance. On
aura soin de ne pas souffrir un émondage ou
élagage trop rigoureux dans les tiges conservées,
et qui doivent être en nombre relatif à la force
de la cépée. Dans les trochées ordinaires, on doit
en conserver de deux à quatre, et rarement davantage. On se persuadera qu'un taillis un peu
clair donne au moins autant de bois, et que
celui-ci est de meilleure qualité. Les ravages ré-
volutionnaires ayant fait conserver des taillis
épais, ceux qui n'ont pas été spoliés depuis étant
mieux gardés, ne fournissaient à la coupe définitive que de mince côtret ; preuve générale de la
nécessité d'éclaircir suffisamment ; ce qui cependant ne doit pas être outré.

J'ai dit que le terme de l'exploitation définitive peut être, dans nos sols, fixé à neuf ou dix
ans pour les mauvais terrains, pour faire seulement du fagot ; pour les médiocres à quinze, et

pour les bons à vingt, pour faire à la fois du rondin et des fagots. Cette fixation aussi rapprochée vient de ce que dans nos terres fortes, les coupes doivent être plus précoces; le bois cessant beaucoup plus tôt de croître, une longue attente ne produirait pas en raison du plus grand intervalle entre les coupes. Or, on l'a dit, et il ne faut pas cesser de le répéter, la bonne agriculture est *l'art d'obtenir des terres le plus grand revenu net possible.*

On peut exploiter les bois depuis le mois d'octobre jusques en avril. Comme ce travail n'est qu'accessoire dans notre agriculture, on profite du temps mort, principalement des pluies et des glaces, en décembre, janvier et février. Je n'ai jamais observé que la coupe dût être suspendue en temps de pluie, et sous quelques aspects lunaires, comme le préjugé l'indique. J'aime à exploiter de bonne heure les bois élevés, et postérieurement les bois en plaine ou enfoncés, pour faire pousser ceux-ci un peu plus tard, et contribuer, s'il est possible, à en soustraire les recrus à l'effet fâcheux des gelées tardives.

Nous employons à l'exploitation de nos bois des bûcherons qui nous descendent des montagnes; et plus ordinairement ici nos ouvriers ordinaires, quoique moins habiles; mais comme nous les payons en nature, c'est autant de chances enlevées à la nécessité qui les pousse et les oblige souvent à dévaster nos taillis. Il faut avoir attention à ce que les haches aient toujours un fil fin et bien aigu ; et il vaudrait mieux les remplacer par celles que l'on distingue sous le nom de *cognée*. Je donne à mes gens un tiers des fagots d'éclaircissement, et un sixième des fagots de coupe ; sur cela ils sont obligés d'exécuter tous les travaux de l'exploitation, et de construire la pile. On doit veiller à ce qu'ils ne mettent pas dans les fagots des branches de la grosseur exigée pour les bûches : celles-ci sont admises, ainsi que je l'ai indiqué, quand le petit bout a un pouce et demi de diamètre. D'après cette considération, on ferait mieux de donner un peu moins de fagots, et de payer l'ancienne fixation des bûchers à un franc chacun.

Je divise en trois bandes ces ouvriers : je mets à la première les bûcherons, que j'ai soin de choisir parmi les plus adroits et les plus dociles ; ils coupent le bois par bandes parallèles ; chacun a la sienne, pour qu'on puisse vérifier la façon dont chacun opère, et on met en jeu leur amour propre et leur esprit de comparaison. La première chose que j'exige d'eux, c'est de nettoyer la souche des rejets et broussailles qui peuvent s'y trouver, mais qui sont rares dans nos cantons, où le bois est peu commun et envié ; parce que les propriétaires humains et bienveillants, les laissent ordinairement enlever par les pauvres. La souche nettoyée, ils abattent les arbres. J'ai dit qu'il fallait exiger une taille vive et unie sans fausse coupe et *éclisses*, inclinée dans le même sens que la pente du terrain, afin que l'eau, en y séjournant, ne gâte point la souche ou n'y produise pas des cavités et des réservoirs qui sont toujours dangereux. Un employé de confiance doit toujours surveiller ces travaux.

Aux bûcherons succèdent d'autres ouvriers qui émondent les tiges et les divisent en bûches qu'ils mettent à part; et qui hachent, de la longueur requise, les branches pour les fagots. Je répéterai que l'on doit veiller à ce qu'ils ne perdent pas de bois en séparant les bûches, qui doivent être coupées ou en biseau, d'un seul coup de hache, ou en deux coups, c'est-à-dire, en *onglet* ou en *gueule de poisson*. Ils doivent surtout être astreints à donner aux bûches, et strictement, la longueur requise, laquelle, dans nos piles ou *bûchers*, doit être de cinq empans et demi (trois pieds dix pouces, ou un mètre un quart).

Enfin, la troisième division d'ouvriers, composée de femmes et d'enfants, forme ou assemble les fagots. On doit prendre garde qu'ils les fassent d'une grosseur à peu près égale, et qu'ils n'y introduisent furtivement des bûches. Vers les trois quarts de la journée, les bûcherons de la première et de la seconde colonne quitteront leur ouvrage pour aller relier les fagots. On emploie pour *harts* ou *lies* de jeunes tiges rampantes que l'on a ramassées à l'avance dans un taillis de deux à trois ans ; opération qui, plus que toute autre, doit être dirigée par un homme entendu et de confiance. Chaque soir, avant de quitter l'atelier, les fagots sont empilés par dizaines sur des lignes parallèles.

Quand la coupe est terminée, des charrettes transportent le rondin et les fagots au lieu où on doit les empiler, et les ouvriers de l'exploitation les arrangent et terminent ainsi leur besogne. Les rondins supportent les fagots que l'on place de manière à rejeter l'eau, et on les assujettit avec de longues perches fourchues, pour rendre plus difficiles les entreprises des voleurs.

Sans revenir sur la question que j'ai déjà effleurée, celle des baliveaux, et supposant, comme partout, que l'on en conserve dans les bois ; je pense, qu'en général, une grande partie seront coupés à l'âge de deux coupes ; et comme cette coupe se fait après l'abattage général, je suppose que l'on est fixé et que l'on a marqué les arbres qui doivent rester, et ceux qui doivent remplacer dans la coupe les tiges que l'on veut exploiter. La coupe doit en être faite avec autant de soin que celle apportée aux arbres isolés.

Beaucoup de personnes recommandent de

couper les souches trop élevées , ou en d'autres termes , de *receper*, de *ravaler*, de *désoucher* les bois. D'autres au contraire proscrivent cette méthode , et elle est tour à tour préconisée et rejetée par les meilleurs auteurs forestiers. Ayant plusieurs fois usé des deux moyens , je puis en parler, et je crois utile d'en dire quelques mots. Personne n'a raison , et nul n'a absolument tort. Lorsque les souches sont très-élevées , qu'elles sont d'une espèce dure et qui ne rejette pas ordinairement , lorsqu'elles portent déjà de beaux brins , en les ravalant on en fait périr beaucoup. Dans le cas contraire , le mieux est de couper rez terre , ou , comme on le dit , *entre deux terres*. Les rejetons qui sortent du collet des racines entourent la vieille souche , donnent de plus beaux jets qui participent des marcottes et renouvellent la souche , mais les chênes en particulier en produisent fort peu.

Sans contredit le principal usage qu'on doit retirer du bois est le chauffage ; cela a surtout lieu dans un canton comme le nôtre , où le bois est rare , la population assez nombreuse , et où l'habitude de la bouillie de maïs , appelée ici *milliasse* , est très-répandue et exige une grande consommation de combustible. Si c'est habituellement le produit sur lequel on établit son revenu , c'est aussi l'objet sur lequel , malgré les restrictions et les divergences qui se rencontrent fréquemment, on peut avoir quelques moyens pour établir des données approximatives, car elles ne peuvent être autre chose.

Ainsi je crois que l'on peut espérer de recueillir dans un bon sol (je me renferme dans ceux que je connais), et par arpent de soixante ares, coupé à vingt ans, 50 à 60 stères de bois rond, et 15 à 1800 fagots : coupé à quinze ans, 36 à 40 stères et 11 à 1200 fagots.

Dans les terres de qualité moyenne, coupé à quinze ans, de 25 à 30 stères, et de 800 à 1000 fagots ; coupé à douze ans, de 18 à 20 stères et de 6 à 800 fagots ; coupé à dix ans, de 15 à 18 stères et de 5 à 600 fagots.

Enfin, dans les mauvais sols, coupé à dix ans, 7 à 8 stères et 3 à 400 fagots ; coupé à huit ou neuf ans de 400 à 450 fagots. On doit s'attendre dans de semblables terrains que ces *bourrées* ou fagots ne seront pas d'une aussi belle qualité que dans les précédents ; et leur prix est communément moindre d'un quart.

CHAPITRE 5.

Des bois d'industrie ou bois d'œuvre.

Les arbres d'une plus grande dimension, soit baliveaux, soit arbres épars, soit arbres de ligne, peuvent donner des bois propres aux arts et à des usages spéciaux. Ici, et plus que dans toute autre matière , il est difficile de donner quelques idées d'évaluation , elles dépendent trop de la rareté ou de l'abondance des objets , de la qualité , de l'espèce de la terre , de la conservation des arbres , de la longueur et de la force des pièces obtenues. Mais je crois devoir indiquer la nature des industries auxquelles on peut employer les bois que nous avons à exploiter, et l'espèce des arbres qui peuvent y être employés.

1.° *Charronnage :* le charronnage se débite en pièces à peu près carrées , susceptibles de se courber en conservant leur fil , et que l'on peut ordinairement vendre en grume. Les *timons* de charrette (*tiradous*) en chêne ou en frêne de trois ou quatre pouces (huit à dix centimètres) au moins d'équarrissage par le petit bout et de dix-huit pieds (six mètres) de longueur : les *flèches* ou *brancards* de voiture de cinq ou six pouces (quatorze centimètres) de gros dans leur longueur moyenne; les *branches* ou pièces latérales du train des charrettes, onze pieds de long (trois mètres et demi) , quatre pouces (onze centimètres) d'équarissage par le petit bout; les *rais* de roue en chêne à refendre trois pieds de long (un mètre) , cinq ou six pouces (quatorze centimètres) de diamètre ; *essieux* en bois, cinq pieds et demi de longueur (un mètre et demi) et six pouces (quatorze centimètres) de diamètre : les *jantes* (*courbes*) et *moyeux* (*boutons*) principalement en orme et en frêne, de dix-huit pouces de diamètre et de quatre pieds de long pour les moyeux, de quatre pouces de gros et de trois pieds de longueur pour les jantes.

2.° *Fabrique d'outils aratoires : flèches* (*astes*) de charrue, en chêne, onze pieds (trois mètres et demi) de long sur deux pouces (cinq centimètres) de diamètre par le petit bout ; les *âges* coudés ou *plis* pour les charrues en bois se tirent du frêne et de l'orme ; les *ceps* fourchus (*moussials*), du hêtre, du chêne, du frêne et du merisier, et doivent en être pris dans une intersection de branches. Les *versoirs* (*mousses*) s'entretaillent dans une grosse pièce de bois dur, de chêne ordinairement, quelquefois de merisier, de mûrier, d'orme et de frêne. Les *jougs* de trois à quatre pieds de long (un mètre) sur dix à douze pouces de diamètre, se tirent exclusivement du frêne, de l'orme et du hêtre. Les *jougs de vigne* ou de sarclage dits *jougs de champ* en peuplier noir, frêne, orme, de cinq pieds de longueur (seize décimètres), et dix à douze pouces (trente centimètres) de diamètre.

Les *bâtis* des *herses* triangulaires sont en bois de quatre pouces d'équarrissage (onze centimètres) ; les *herses plates* que j'emploie sont des madriers d'orme ou de frêne de quatre pouces d'épaisseur (onze centimètres).

3.° *Sciage*. Le sciage pour *merrain* se fait en cœur de chêne de deux pouces d'épaisseur (cinq ou six centimètres) pour les cuves et les grands foudres , et d'un pouce (deux centimètres et demi) pour les futailles ordinaires. Le sciage pour *planches*, pour *meubles*, pour ébénisterie et menuiserie se fait en chêne blanc , hêtre , orme , érable , châtaignier, noyer, merisier et bois blanc, en arbres résineux , depuis quatre lignes (neuf millimètres) jusques à trois et quatre pouces d'épaisseur (huit ou douze centimètres), et de la largeur que permet la grosseur de la bille. Les planches qui ont une épaisseur de trois à cinq pouces (huit à quatorze centimètres) se nomment *madriers*.

4.° *Ouvrages de fente* ou *raclerie*. C'est ainsi qu'on fabrique les échalas , la boissellerie et beaucoup d'autres menus ouvrages avec du chêne , du châtaignier, de l'orme , du frêne , du merisier, des bois blancs. Lorsqu'on n'emploie pas pour latte de comble des planches ou *écorces* (*foropels*) de l'extrémité du rouleau ou bille , on les fait en fente de chêne ou de bois blanc de toute qualité.

5.° *Charpente*. On peut tirer du bois de charpente du chêne , du châtaignier, du pin et du sapin , surtout des diverses espèces de peuplier. En général , le bois de charpente est en pièces parallélipipèdes de trois pouces (huit centimètres) à dix-huit (cinquante centimètres) de face, en *carré* ou *méplat* : et depuis six (deux mètres) jusques à trente pieds (dix mètres) de longueur. Ce sont des poutres , des poutrelles , des solives , des chevrons , des bois pour combles , des linteaux (*pièces de décharge*) de portes et d'ouverture.

6.° *Sabots.* On les fait avec des bûches de vingt-quatre pouces (six décimètres) de gros sur trois à quatre pieds (dix à treize décimètres) de long , en orme , frêne , noyer, saule, peupliers , aune , etc.

7.° *Pilots.* Pour les pilots, et pour les constructions dans l'eau ou la terre , on remplace avantageusement et surtout économiquement le chêne par l'aune.

8.° *Charbon.* Tous les bois forestiers peuvent faire du charbon ; le chêne , le charme , le frêne , sont les meilleurs , pourvu qu'ils n'aient pas moins de huit et pas plus de trente ans d'âge.

CHAPITRE 6.

Des ennemis des arbres.

Les arbres et les bois ont beaucoup d'ennemis, dont les plus meurtriers sont les hommes sans contredit. Parmi les animaux mammifères, ce sont le *cerf*, le *daim*, le *chevreuil*, le *lièvre* et le *lapin*, les *rats* et les *souris*, la *taupe*. Je ne parle pas des oiseaux, si ce n'est le *pic*. Les insectes sont plus malfaisants ; soit dans l'état parfait, soit en état de larves, ils font beaucoup de dommages : ce sont, parmi les coléoptères, le *hannetons*, les *scarabées*, les *dermestes*, beaucoup de *charançons*, de *gribouris*, de *galéruques* et de *buprestes* ; la *courtillière*, plusieurs espèces de *pucerons* parmi les hémiptères ; enfin, un grand nombre de lépidoptères. La *Zoologie du Cultivateur* indique les habitudes de ces animaux et les moyens d'arrêter ou de diminuer leurs ravages. Les météores leur nuisent aussi très-souvent, mais il n'y a guère de moyens de s'en garantir ; les arrosements sont coûteux, ordinairement impraticables, et je ne les conseillerai jamais, à moins d'exceptions particulières. Cependant lorsque par malheur un bois a été frappé d'une grêle très-forte, après avoir attendu une année pour se rendre compte de l'intensité du dommage, il faut se décider à le couper : c'est un remède héroïque sans doute, mais sûr, et c'est le seul.

FIN.

TABLE.

—

SECONDE PARTIE.

DE LA CULTURE DES ARBRES.

TROISIÈME PARTIE.

DES BOIS NATURELS, OU SYLVICULTURE.

FIN DE LA TABLE.